锚杆–围岩结构系统无损探伤理论和智能诊断方法

陈建功　　著

科学出版社

北京

内容简介

本书针对锚杆-围岩结构系统低应变动测机理、损伤诊断和锚固质量评价这一实际工程问题，通过理论分析、模型试验、数值模拟、现场测试和现代信号处理等手段，对不同损伤锚杆应力波的传播规律、特性，锚杆的无损探伤理论及锚固质量诊断方法开展研究。包括：建立了完整锚杆低应变纵向动力响应的数学力学模型；利用函数代换法、广义函数法、积分变换法和三角函数法等数学手段推导出了相应的解析解和半解析解；研究分析了不同参数对锚杆顶端瞬态动力响应的影响。

本书可供土木工程、水利工程、交通运输工程、矿业工程等工程技术人员参考。

图书在版编目(CIP)数据

锚杆-围岩结构系统无损探伤理论和智能诊断方法 / 陈建功著. —北京：科学出版社，2021.7
ISBN 978-7-03-067294-0

Ⅰ.①锚…　Ⅱ.①陈…　Ⅲ.①锚杆支护-围岩控制-支挡结构-无损检验　Ⅳ.①TD353

中国版本图书馆 CIP 数据核字 (2020) 第 251084 号

责任编辑：孟　锐/责任校对：彭　映
责任印制：罗　科 / 封面设计：墨创文化

科学出版社 出版

北京东黄城根北街16号
邮政编码：100717
http://www.sciencep.com

成都锦瑞印刷有限责任公司印刷
科学出版社发行　各地新华书店经销

*

2021 年 7 月第 一 版　　开本：787×1092 1/16
2021 年 7 月第一次印刷　　印张：7 1/4
字数：173 000

定价：58.00 元
(如有印装质量问题，我社负责调换)

前　　言

　　锚杆及锚固体在复杂的服役环境中受到载荷作用及各种突发性外在因素的影响而面临损伤积累的问题，从而影响岩土结构的稳定，使工程安全受到威胁。锚杆-围岩体系的结构损伤将改变结构的强度和刚度，引发更大的结构损伤积累，导致结构的突发性失效，所以需建立探测锚杆及锚固体结构损伤的方法。依据结构动力学理论及结构损伤探测理论的观点，不同缺陷的存在，必然使系统的结构组合发生变化，相应地就会影响到结构的动力响应特性，使得各种结构参数(固有频率和模态等)在不同程度上受到影响，进而使结构显示出与正常结构相区别的动态特征，因此根据结构系统固有特性的变化来诊断结构的完整性及承载力，即利用完整锚杆结构的数学力学模型及其声波测试数据作为探测缺陷锚杆的信息，结合缺陷锚杆动力响应数学模型及其声波测试响应数据，判断锚杆结构缺陷的位置、性质及缺陷程度。这种结构损伤探测方法也是目前国内外研究的热点和难点。

　　锚固系统是一个开放的复杂系统，其锚固质量主要衡量指标是锚固状态和锚固力，同时还受地质和施工等因素的综合影响。这些因素有的是确定性的，但大部分具有随机性、模糊性、可变性等不确定性特点，而锚杆结构的动力响应和动态特性参数正好反映了这些因素的综合影响，但由于问题的复杂性及随机性，加上模型误差、测量误差、环境影响和测量数据的不完备等因素，动力响应和动态特性参数与锚杆缺陷、锚固质量之间存在复杂的非线性关系，因此锚杆缺陷及锚固质量分析技术应具有能够同时处理确定性和不确定性信息的动态非线性的能力，在大量已有的工程实例基础上，客观地识别锚杆缺陷及锚固质量。近年来发展的神经网络技术、遗传算法等现代数学理论突破了人工智能知识获取的瓶颈问题，具有自学习、自组织、联想记忆能力和强容错性，为锚杆缺陷的识别及锚固质量的评价奠定了可靠基础。

　　现代信号分析技术为缺陷锚杆的识别提供了理论依据和方法。传统的信号分析中的傅里叶变换技术是在时域或频域上的一种全局变换，无法表达非平稳信号最根本最关键的时频局域性质。随着声波测试技术应用领域的扩大，要求人们去研究非平稳、非高斯的声波信号，以及时变、非因果、非最小相位、非线性系统，这些已成为现代信号处理研究热点的一个方面，如分数傅里叶变换技术、小波分析技术具有在时频两域表征信号局部特征的能力，探测出正常信号中夹带的瞬态反常现象并展示成分，这些方法为声波特征信号的自动提取提供了全新的途径。

　　虽然国内外学者对锚固工程实验与监测方法、岩土介质的声学特性以及声频应力波检测理论进行了大量的工作，并在岩土工程及地质工程中进行了多年的实践。但是，对于锚固系统的应力波传播特性与原理，尤其是对锚杆的缺陷识别和锚固质量的判别，一直还是尚未解决的难题。本书将对锚杆缺陷的识别、诊断作更深一步的研究，以达到实际工程应用的目的。建立工作状态下缺陷锚杆动力测试问题的数学力学模型，研究其解析解及数值分析方法，通过数值计算、实验研究和现场测试，利用模态分析、模式识别、信号分析及现代数学等手段，研究锚杆在不同缺陷情况下的动力响应规律及相应的物理参数、模态参数模型，研究锚杆-围岩结构系统的无损探伤原理及方法，从而能快速探测出缺陷位置、性质及缺陷程度并开发出能对锚固体系完整性、承载能力进行实时预测及大面积普查的智能诊断系统。

  本书共 6 章，第 1 章全面综述了与本书内容相关的研究进展和发展趋势。第 2 章建立了锚杆-围岩结构系统动力响应的数学力学模型，并利用函数代换法、广义函数法、积分变换法和三角函数法等数学手段分别推导了完整锚杆结构系统和缺陷锚杆系统在瞬态激励力作用下频域响应的解析解以及时域响应的解析解或半解析。第 3 章利用有限元方法进行数值仿真实验，分别对完整和损伤锚杆锚固系统进行了一维数值计算以及轴对称数值模拟，并对完整锚杆和损伤锚杆锚固系统进行时了域分析、模态分析。第 4 章对锚杆模型进行了低应变动力测试实验，然后在理论计算、数值模拟及实验测试等信号数据基础上，提出了锚杆-围岩结构系统参数反演的遗传算法，并进行了反演分析。第 5 章介绍了模态分析基本理论，对结构系统的实模态分析、复模态分析、拉氏变化方法(包括频响函数、脉冲响应函数)进行了详细论述。第 6 章通过神经网络等现代智能数学手段，探讨锚杆系统损伤位置的确定方法和锚杆-围岩结构系统的识别方法，提出一种锚杆锚固质量定量分析的方法，并建立锚杆系统无损探伤的智能诊断系统。

  本书的研究工作获得了国家自然科学基金项目"锚杆-围岩结构系统无损探伤理论与智能诊断方法"(项目编号：50378096)和教育部科学技术重点项目"岩土锚固系统质量的智能检测与诊断"(项目编号：0318)的资助。

  限于作者的知识水平，书中难免有疏漏、不足之处，谨请读者批评指正。

目　　录

第1章 绪　　论

　　锚杆锚固技术在岩土工程界已被广泛应用，同时因设计、施工存在问题而又无先进完备的检测手段，在现场所造成的事故与经济损失也越来越多，故锚杆损伤识别及锚固质量评价理论和新技术的研究成为当今岩土工程中一个迫切需要完成的课题。本书在锚杆-围岩结构系统低应变动力响应理论研究的基础上，力求建立一种既简便经济又迅速可靠的确定锚杆施工质量、工作状态的无损探伤与质量诊断技术，为锚固工程质量控制和可靠性检测提供保障与手段，确立对锚杆锚固质量进行大面积普查的方法，弥补以至取代传统的锚固体系检测方法。

1.1　背景及意义

　　岩土锚固技术在国内外的使用已比较久远，最早应用在20世纪初，1911年美国首先用岩石锚杆防护矿山巷道边坡，1918年西利西安矿山采用了锚索防护，当时锚索未加预应力，预应力锚索的首次应用是1933年阿尔及利亚的A.Coyne工程师对舍尔坝加高工程的加固，1957年西德在土建深基坑维护中使用土层锚杆。我国岩土锚固技术的应用始于20世纪50年代，1955年京西矿务局安滩煤矿等单位使用楔缝式锚杆支护矿山巷道。20世纪60年代，我国开始在矿山巷道、铁路隧道及边坡整治工程中大量应用普通砂浆锚杆与喷射混凝土支护。1964年，梅山水库的坝基加固采用了预应力锚索。20世纪70年代，北京国际信托大厦等基坑工程采用了土层锚杆支护。近年来，我国岩土锚固工程的发展尤为迅速，几乎已涉及矿山井巷、铁路隧洞、地下洞室支护、岩土边坡加固、坝基稳定、深基坑支挡、结构抗浮与抗倾、悬索建筑的地下受拉结构等土木工程各个领域，如在三峡水利工程中，永久船闸两侧全部用数十万根高强锚杆进行预锚加固。

　　目前国内外各种类型锚杆已达600余种，每年使用的锚杆量已超过10亿根。美国、澳大利亚等把锚杆作为地下开采、围岩支护中普遍应用的常规手段，据不完全统计，我国 1958～1992 年用于岩土锚固的锚杆(索)使用量超过 $8×10^3$km，年均使用量超过235km。1992～2002 年，仅我国公路部门用于岩土锚固的锚杆(索)使用量就超过 $2×10^3$km，年均使用量超过 200km。另外，20世纪90年代更多地使用了土钉，其总数当以亿万计。

　　岩土锚固技术(锚杆、锚索、土钉工法等)的先进性、可靠性、经济性无可置疑。然而由于材料、施工、地质条件等因素的影响，锚固结构系统在施工和使用过程中必然存在许多损伤，如对于砂浆全长固结的锚杆-围岩结构系统，其主要损伤有：①锚杆体本身损伤，如材质不均匀，存在裂缝、孔洞，杆体锈蚀；②胶结体损伤，如胶结体密实度不够，内部有孔洞、裂隙、"蜂窝"等；③胶结体与锚杆体、围岩的胶结不好。另外，还包括地质界面、软弱地层对锚固质量的影响。具有这些损伤的锚杆-围岩结构系统，简称为"损伤锚杆"。随着这些损伤的产生、积累，会使具有永久支护的岩土工程失效。

对于岩土工程中的众多锚杆，其锚固质量如何、锚杆的长度是否与设计长度一致、其砂浆是否饱满、锚杆是否起到了应有的作用，这些问题对于岩土加固工程来说显得十分重要。所以，对锚固工程的损伤识别、质量诊断以及实时检测、补强，一直是岩土工程界广泛关注的问题。要对锚杆工作状态进行长期或短期监测，通常采用预埋各种根据机械、液压、振动、电气和光弹等原理制作的测力计进行监测，但这些测力计受电磁场干扰大，在潮湿、温差大的条件下灵敏度会大大降低。而对于工程界广泛使用而未预埋测力计的锚杆，则常采用现场拉拔实验的方法测定锚杆静荷载-位移曲线来确定锚杆极限承载力，这种方法直观可靠，但对锚杆所加固的岩体会产生较强的扰动，且对锚固力大小及其在长期运行中的变化情况无法进行评价。此外，要测出完整的荷载-位移曲线，不仅费时长、耗资大，而且为获得准确的极限承载力需进行破坏性实验，故检测面小，仅限于个别抽查。由于在各项工程中使用锚杆加固技术面宽量大，多为隐蔽工程，迫切需要开发一种既简便经济又迅速可靠的确定锚杆施工质量、工作状态的锚杆-围岩结构系统无损探伤理论与智能诊断技术，为锚固工程质量控制和可靠性检测提供了保障与手段，是保证围岩加固质量及其稳定的必要前提，弥补以至取代传统的锚固体系检测方法，以适应大规模工程施工的需要，这就是本书的研究目的所在，这也是目前岩土加固工程急需解决的关键技术问题。

在目前研究现状的基础上，基于一维波动理论和结构动力学原理，通过波形识别和模态分析，建立锚杆锚固系统的健康监测与智能诊断系统，解决锚杆系统动测参数、损伤诊断、锚固质量定量评价等问题。这种系统有可能把目前广泛使用的离线、静态、被动的检查转变为在线、动态、实时的健康监测与控制，将对锚杆的安全监控和性能改善产生质的飞跃，从而进一步提高岩土锚杆加固工程施工质量管理的有效性和科学性，为岩土结构工程的稳定性研究提供一种方便、快捷的观察手段，在一定程度上保证锚杆加固技术和岩土工程的稳定性和可靠性，同时也将对锚杆加固理论研究进一步深入，为锚杆支护施工工艺的改进和锚杆支护技术的推广起到有益的促进作用。同时，本研究将进一步完善岩土工程的应力波检测理论，而且将使应力波测试技术逐步进入定量化阶段。它可为应力波测试技术在边坡工程、地下工程等施工过程以及后续管理中的质量监测、稳定性评价等提供可参考的理论依据。因而本研究不仅具有理论上的学术价值，而且具有广泛的工程应用价值。

1.2   国内外研究现状

传统的锚杆锚固状态的检测手段，主要依靠对锚杆的抗拔力测试。这种方法虽然适用于某些场合，但却存在着许多不足。该方法不仅是一种破坏性检测，而且所测定的抗拔力并不能完全反映锚杆的锚固状态。

近几十年发展起来的无损探伤技术主要利用相应的硬件设备和媒介以及获取结论的

信号处理方法对岩土锚固进行安全评价,它是多学科紧密结合的高技术产物。现代材料科学和应用物理学的发展为无损探伤技术奠定了理论基础,现代电子技术和计算机科学的发展为无损探伤技术提供了现代化的测试工具。同时,现代土木工程中迅速发展的新设计、新材料、新工艺又对无损探伤技术不断地提出新的更高的要求,起着积极的促进作用。所以,它已成为测试技术体系中的一个重要分支,是建筑工程测试技术现代化的重要发展方向。无损探伤技术用于岩土锚固安全评价是近年来伴随数字电子技术和计算机技术的巨大发展而发展起来的,经几十年的研究和应用,发展起了多种多样的方法,可主要归纳为电磁波法和震动(地震波)-超声波探测法。

电磁波法主要包括地质雷达、红外线温度场扫描探测、射线诊断法、光学成像法等。震动-超声波探测法主要包括高分辨率地震波法、瑞利波法、TSP(tunnel seismic prediction,隧道震动探测)法、声波探测法、超声波探测法、应力波法等。工作机理上,前者由电磁振荡激发电磁波,后者为机械震动激发地震波、声波、超声法。电磁波的工作频率可从十几兆赫兹至 2000MHz,震动-超声波法的工作频率从几赫兹至 100kHz。工作方式上又可分为反射法和透射法。前人研究表明,地质雷达法可沿任一方向的表面进行高密度连续扫描探测,实时绘出彩色剖面图,速度快、分辨率高、成果直观,通过图像处理与分析研究可对锚杆的几何尺寸进行定量描述,对锚固系统中的灌浆饱和度及损伤情况进行定性或半定量描述,对周围岩土结构和完整性及含水情况进行定性描述。但该仪器的探测距离相对于长、大锚固系统而言是有限的。红外温度场扫描探测方法通过在结构物外表面连续扫描测量反映其内部结构的温度场变化而反演其内部结构,包括灌浆损伤、岩土体工程地质、水文地质变化等。但往往由于测试区内的温度场变化比较微弱,与地质雷达相比其灵敏度和分辨率较低,价格较昂贵。瑞利波法(地震面波)可用于研究锚固系统灌浆情况和岩土体块段检测评价,通过求取地震波速度和频谱对岩土体完整性及其强度进行定量描述。由于其有效探测范围限于一个波长内,所以探测深度视所选择的仪器工作频率而定,就当前的仪器开发水平而言,探测深度基本与地质雷达相当,分辨率低于地质雷达。应力波法(声波、超声波法)通过在锚杆顶部激发弹性应力波,当该弹性应力波传播到锚杆底部时由于锚杆与岩土体存在波阻抗差异,将产生反射波回到锚杆顶部,根据反射回波的走时和应力波在锚杆中的传播速度即可确定锚杆长度。此外,还可测试注浆饱满密实度。该仪器对于非金属物体的探测深度比较有限。高分辨率地震波法的优点是探测深度足够大,但主要可用于探测锚固系统中的岩土体块段完整性,可探测到岩土体中的较大裂缝或断层以及分界面等。TSP 法本来是一种专门的隧道地震波探测技术,探测深度可达 100m 以上,但分辨率为 1~2m。无损探伤技术成本低、费时少,对结构不产生破坏,正是由于这些强大的优点,使得该技术在国内外获得了广泛的应用与研究。

由于波传播具有许多独特的性质,以超声法为代表的研究工作正蓬勃发展,超声法已成为现代无损探伤技术的主要工具之一。超声法在研究岩石(体)的声学特性、桩基检测等方面得到了广泛的应用与发展。

20 世纪 80 年代以来,超声法被逐渐应用于锚固工程的质量检测中。1978 年瑞典的 H.E.Thurner 提出用测超声波能量损耗的原理来检测锚杆的灌注质量,并由 GendynamikAB 公司于 1980 年推出了 Boltometer Version 锚杆质量检测仪[1],但该方法检测结果仍为锚杆的抗拔力，因存在激发条件苛刻和衰减快等缺点而未得到广泛应用。20 世纪 90 年代，美国矿业管理局开发出能检测锚杆应变和长度的超声波仪器[2,3]，但它无法评价锚杆的施工质量。超声波方法的缺点是衰减快，对于较长锚杆的检测无能为力，且激发条件苛刻又不能作出定量化评价。为了得到比较好的超声波信号，锚头必须磨平，故现场适用性较差。1995~1998 年，郭世明等在大朝山水电站采用应力波法对近千根锚杆进行了质量检测[4]，通过在测试中的对比研究，取得了一定的效果，说明采用应力波法对锚杆质量进行检测是可行的。

锚杆长度检测采用应力反射波法进行测定，该方法的基本理论依据为一维杆件的弹性应力波反射理论，在锚杆顶部激发弹性应力波，当弹性应力波传播到锚杆底部时由于锚杆和锚杆底部的岩石存在波阻抗差异，将产生反射波回到锚杆顶。根据反射波的走时和锚杆中的应力波传播速度就可以确定出锚杆长度。应力波在坚硬完整的介质中传播速度大，衰减速度快，而在松散及不完整介质中的传播速度小，衰减速度慢。因此可以利用应力波的这一传播特性来判断注浆饱和度情况。对于注浆饱满的，砂浆和岩石的耦合性好，可看成完整的介质，因此应力波的波形衰减快，近似于指数衰减；对于注浆饱满程度差的，则砂浆和岩石间的耦合性差，可看成松散不完整的介质，应力波的波形杂乱，衰减慢。根据不同方向、不同部位激振的应力波衰减曲线就可以对注浆饱和度作出判断，但对于锚杆锚固质量只能作粗略的定性或半定量的质量评价，且主观性较大。

南京大学的汪明武和淮南矿业学院的王鹤龄等根据应力波传播规律，利用锚固段长度及应力波能量衰减系数来评价锚杆锚固状态，并给出了分级标准，提出了快速普查检测锚杆锚固质量及预测锚固力的无损拉拔实验方法[5,6]。研究表明，由于锚固体系广义波阻抗的变化，激发的声频应力波在波阻抗界面处发生界面效应，产生反射波和透射波，应力波能量重新分配，介质质点间内摩擦也导致能量向其他形式转化。此外，反射波的相位特征及能量衰减规律反映了锚杆的锚固状态和侧阻力分布状态，且应力波能量吸收系数与锚固段长度有关。检测工作的核心之一是锚固段长度的测定，工作关键是系统参数的合理设定。通过现场锚杆拉拔实验可知，锚杆锚固体系的拉拔曲线在锚固体系临破坏前有明显的变化，若自动跟踪绘制拉拔曲线形态和拉拔系数的变化特征，来判断锚杆受力是否达到临界破坏，并用拉拔曲线转折前后曲线割线交点预测锚固力，既可测定锚杆锚固力，又不损坏锚杆锚固力。现场实测拉拔曲线可能呈现出复杂的变化规律，这是因为锚杆锚固力的影响因素多且复杂，锚固体系的破坏方式也是多样变化。实测位移除锚固体系的弹性和塑性变形外，还有锚杆垫板的变形和压入松散岩面的位移，以及杆体与锚固介质、锚固介质对孔壁围岩的相对位移等。故无损拉拔测定的锚杆锚固力与实际锚固力及破损性拉拔测定锚固力存在差别，这是该法需完善和改进的方面。此方法存在与前述方法同样的缺陷和局限性，而且采集的信号也难以分析辨认。

2000 年长江工程地球物理勘测研究院在原有桩基检测仪器及其理论的基础上[7]，对三峡工程的锚杆进行了研究，应用了声频应力波法，自行设计研制了功率可调的自动发射装置和微型灵敏的接收传感器进行信号的激发和接受，将传统的信号处理方法和现代的信号处理方法相结合，把信号的能量特征与相位特征结合，从而对锚长及锚固状态进行综合判断。太原理工大学爆破所通过对端锚锚杆反射波信号的时、频域分析，获得了表征锚杆锚固质量的六个参数[8]。这些研究大都是在利用一维波动理论对煤矿端锚锚杆的分析、测试的基础上进行的,对于隧道工程、边坡工程中砂浆全固结岩石锚杆,这些检测方法并不一定适用,而且由于锚杆底端应力波反射的不确定性,使得这些方法在工程实践中的应用受到了一定限制。另外,这些方法只能对锚杆进行定性的质量普查,而无法判别锚杆损伤的具体位置、性质,不能对具体的补强措施提供指导。

近年来,重庆大学土木工程学院针对实际工程岩体在锚固状态下处于一定的应力环境,且该应力环境易于发生变化这一现象,提出了锚固岩体在受荷条件下的声学特性研究,在考虑岩石锚固荷载影响的条件下,建立了与锚杆力学特性相关的声学特性理论模型,利用小波分析、人工神经网络对岩土锚固体系的完整性问题和承载力问题进行了一系列的理论探讨和实验分析[9-15],为本书的工作奠定了研究基础。

1.3 主要研究内容

依据现代结构动力学及结构探伤理论的观点,缺陷的存在必然使系统的结构组合发生变化,相应地影响到结构的动力响应特性,使得各种结构参数(固有频率和模态等)在不同程度上受到影响,进而使结构显示出与正常结构相区别的动态特征,利用现代信号处理技术具有对动态结构系统进行缺陷检测与诊断的能力,通过对完整锚杆与缺陷锚杆的动测对比分析,以及根据锚杆锚固体系固有特性的变化来建立锚杆缺陷的识别方法并建立锚杆锚固体系质量定量评价的方法,这在理论上是有充分根据的,技术上是可行的。采用理论研究、数值模拟、实验模型分析与现场检测验证相结合的方法进行综合研究,在实验室内制作了多个锚杆模型试件,在试件边界上激发出应力波,同时在边界上测量从试件内部反射或透射出来的波的响应,建立试件内部结构与波的响应之间的理论关系;结合工程实际情况,分析锚杆缺陷类型,建立缺陷锚杆动力响应数学模型,研究纵向、横向应力波在锚杆中的传播规律及锚杆锚固结构体系的正演和反演理论,在实验室模拟不同缺陷锚杆的动力响应特征,通过比较,验证理论的正确性并研究锚杆缺陷识别方法。最后通过现场布置实验锚杆,进行应力波检测和拉拔实验,验证动力无损检测的正确性,并总结归纳无损检测锚杆技术及工艺。

本书主要技术路线见图 1.1。研究力求建立可以付之于工程实测的锚杆缺陷无损检测理论及对锚固质量体系的定量评价,确立对锚杆锚固质量进行大面积普查的方法,所做的工作力求有所突破。主要内容有:

(1)锚杆-围岩结构系统的动力学理论研究,建立完整及缺陷锚杆系统低应变动力响应的数学力学模型,研究这些问题的求解方法;

(2)研究锚杆-围岩结构系统低应变动力响应规律;

(3)锚杆-围岩结构系统动测数值模拟及模态分析;

(4)不同缺陷情况下的锚杆动测室内模拟实验;

(5)锚杆-围岩结构系统动测物理参数和反演研究,主要运用遗传算法结合波形拟合分析,提取锚杆动测响应的特征参数;

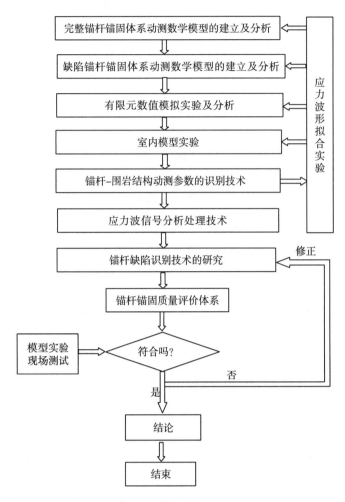

图 1.1　研究思路示意图

(6)应用现代信号分析理论进行锚杆的缺陷识别;

(7)锚杆-围岩结构系统的无损检测方法研究及相应应用软件的开发。

通过数值模拟实验、实验室模型实验、现场测试和现代信号处理等技术,研究不同缺陷锚杆声频应力波的传播规律、特性,力求建立检测锚杆缺陷的无损探伤理论模型,并利用现代数学理论对锚杆质量进行定量分析,建立有效的锚杆锚固体系实时监测及大面积普查的技术。

第2章 锚杆-围岩结构低应变纵向动力响应的求解及分析

锚杆-围岩结构低应变纵向动力响应问题的求解可借鉴桩基纵向振动理论的研究成果。对于桩的纵向振动理论，由于其边界条件的复杂性，对其动力响应的解析方法研究，早期大多数的研究集中在自由振动条件下桩土系统固有频率和固有振型问题，也就是说大部分研究均在频域中展开[16-18]。在时域上的研究，早期是基于考虑简单边界条件而忽略桩侧土作用的一维波动方程，采用分离变量法求得振动解[19]。近来，文献[20，21]考虑桩端弹性支承、桩侧均匀土层作用，推导了桩的受迫振动解析解，从而把这方面的工作推进了一步。本章在桩基纵向振动理论研究的基础上，建立锚杆-围岩结构系统低应变纵向动力响应的数学力学模型，推导出该问题的解析解及半解析解，为锚杆锚固系统的动力学理论奠定相应的基础[22]。

2.1 完整锚杆结构系统的基本假设及定解问题

现场锚固的锚杆同时承受着锚固介质和围岩的多重影响，尤其是全长黏结型锚杆，当锚固介质或围岩的刚度和阻尼与锚杆可比拟时，则会对锚杆的振动特性产生较明显的影响。也就是说锚杆-围岩结构系统共同工作时，锚杆的纵向动力响应是复杂的。

图 2.1 是完整锚杆低应变动力响应问题的数学力学模型，锚杆体长为 L，截面积为 S，截面周长为 C_a，锚杆体的材料密度 ρ。对于完整锚杆，作如下假设：

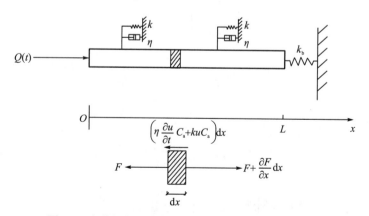

图 2.1 完整锚杆低应变动力响应问题的数学力学模型

(1)锚杆体为有限长等截面均质杆，材料为质量连续分布的线弹性体，其杨氏模量为 E，冲击激励所引起的最大位移远小于锚固介质的弹性位移，不考虑非线性因素。

(2)锚杆固结体及围岩均质，且对锚杆体的作用用一个线性弹簧和线性阻尼器以平行的方式耦合，其分布式弹簧系数为常量 k，阻尼系数为常量 η。

(3)底部围岩对锚杆的作用简化为线性分布式弹簧，其弹簧常数为 k_b。

(4)锚杆作纵向振动时，锚杆、固结体及围岩只发生线弹性变形。

(5)激励力沿锚杆纵轴线方向，且均布于锚杆顶部。

取锚杆体微元作动力平衡分析得

$$F + \frac{\partial F}{\partial x}\mathrm{d}x - F - \left(\eta\frac{\partial u}{\partial t}C_a + kuC_a\right)\mathrm{d}x = \rho S\mathrm{d}x\frac{\partial^2 u}{\partial t^2} \tag{2.1}$$

式中，u 表示锚杆体质点位移，它是 x 及 t 的函数。内力 $F = SE\frac{\partial u}{\partial x}$，其中 E 为弹性模量，经代入化简得以下方程和约束条件。

支配方程：

$$\frac{E}{\rho}\cdot\frac{\partial^2 u}{\partial x^2} - \frac{\eta}{\rho}\cdot\frac{C_a}{S}\cdot\frac{\partial u}{\partial t} - \frac{k}{\rho}\cdot\frac{C_a}{S}u - \frac{\partial^2 u}{\partial t^2} = 0 \tag{2.2}$$

边界条件：

$$\left.\frac{\partial u}{\partial x}\right|_{x=0} = -\frac{Q(t)}{ES} ; \qquad \left[\frac{k_b}{E}u + \frac{\partial u}{\partial x}\right]_{x=L} = 0 \tag{2.3}$$

初始条件：

$$u(x,0) = 0 ; \qquad \left.\frac{\partial u}{\partial t}\right|_{(x,0)} = 0 \tag{2.4}$$

式(2.2)即为锚杆-围岩结构共同工作时，锚杆的纵向动力响应方程。令：

$$A = \frac{\eta}{\rho}\times\frac{C_a}{S}, \quad B = \frac{k}{\rho}\cdot\frac{C_a}{S}, \quad C = \sqrt{\frac{E}{\rho}}, \quad R = \frac{k_b}{E}$$

则上述定解问题可重写如下：

支配方程：

$$C^2\frac{\partial^2 u}{\partial x^2} = \frac{\partial^2 u}{\partial t^2} + A\frac{\partial u}{\partial t} + Bu \tag{2.5}$$

初始条件：

$$u(x,0) = 0 ; \quad \left.\frac{\partial u}{\partial t}\right|_{(x,0)} = 0 \tag{2.6}$$

边界条件：

$$\left.\frac{\partial u}{\partial x}\right|_{x=0} = -\frac{Q(t)}{ES} ; \quad \left[Ru + \frac{\partial u}{\partial x}\right]_{x=L} = 0 \tag{2.7}$$

2.2 完整锚杆杆顶受稳态正弦激振时的解析解

考虑在杆顶作用一个稳态正弦激振 $Q(t) = Q_{max}\cdot\sin(\omega t)$，$Q_{max}$ 为激振力幅值，ω 为角频率，采用两种方法求解锚杆系统的稳态激励响应的解。

2.2.1　函数代换法

可以证明

$$u(x,t) = W(x,t) + V(x,t) + u_0(x,t) \tag{2.8}$$

为该定解问题的解，其中 $u_0 = \dfrac{Q_{\max} \cdot \sin \omega t}{S \cdot k_{\mathrm{b}}} \cdot \mathrm{e}^{-Rx}$，$W$、$V$ 分别为以下两个问题的解。

问题一为自由振动问题：

$$\begin{cases} C^2 \dfrac{\partial^2 W}{\partial x^2} = \dfrac{\partial^2 W}{\partial t^2} + A\dfrac{\partial W}{\partial t} + BW \\ \left.\dfrac{\partial W}{\partial x}\right|_{x=0} = 0, \quad \left(\dfrac{\partial W}{\partial x} + RW\right)_{x=L} = 0 \\ W(x,0) = 0, \quad \left.\dfrac{\partial W}{\partial t}\right|_{t=0} = -\dfrac{Q_{\max}\omega}{S \cdot k_{\mathrm{b}}} \cdot \mathrm{e}^{-Rx} \end{cases} \tag{2.9}$$

问题二为受迫振动问题：

$$\begin{cases} C^2 \dfrac{\partial^2 V}{\partial x^2} = \dfrac{\partial^2 V}{\partial t^2} + A\dfrac{\partial V}{\partial t} + BV + f(t)\cdot\dfrac{1}{S \cdot k_{\mathrm{b}}} \cdot \mathrm{e}^{-Rx} \\ \left.\dfrac{\partial V}{\partial x}\right|_{x=0} = 0, \quad \left(\dfrac{\partial V}{\partial x} + RV\right)_{x=L} = 0 \\ V(x,0) = 0, \quad \left.\dfrac{\partial V}{\partial t}\right|_{t=0} = 0 \end{cases} \tag{2.10}$$

式中，$f(t) = Q_{\max}\left[\left(B - C^2R^2 - \omega^2\right)\cdot\sin\omega t + A\omega\cos\omega t\right]$。

利用分离变量法求解问题一，令 $W(x,t) = X(x)\cdot T(t)$，代入支配方程得

$$\frac{X''(x)}{X(x)} = \frac{T''(t) + AT'(t) + BT(t)}{C^2 \cdot T(t)} = -\lambda^2 \tag{2.11}$$

特征方程为

$$X''(x) + \lambda^2 X(x) = 0 \tag{2.12}$$

由边界条件可得特征函数：

$$X_n(x) = \cos(\lambda_n x) \tag{2.13}$$

式中，λ_n 由 $\cot(\lambda_n L) = \dfrac{\lambda_n L}{\beta_{\mathrm{b}}}$ 确定，其中，$\beta_{\mathrm{b}} = RL$。这里 λ、λ_n 为正实数。

由方程（2.11）还可得到方程：

$$T_n''(t) + AT_n'(t) + (B + C^2\lambda_n^2)T_n(t) = 0 \tag{2.14}$$

对上式两边进行 Laplace 变换，整理后再求拉氏逆变换，得到如下形式的解：

$$T_n(t) = Y_n\frac{\mathrm{e}^{z_1 t} - \mathrm{e}^{z_2 t}}{z_1 - z_2} \tag{2.15}$$

式中，Y_n 为待定系数，$\left.\begin{array}{c}z_1\\z_2\end{array}\right\} = -\dfrac{1}{2} \pm \dfrac{1}{2}\sqrt{A^2 - 4(\lambda_n^2 C^2 + B)}$，利用初始条件及特征函数系正交性

$$\int_0^L \cos(\lambda_n x)\cos(\lambda_m x)\mathrm{d}x = 0, \quad n \neq m$$

可求得

$$Y_n = -H_n \frac{Q_{\max} \cdot \omega}{S \cdot k_b} \tag{2.16}$$

式中，$H_n = \dfrac{2\beta_b}{\lambda_n^2 L^2 + \beta_b^2 + \beta_b}$，故问题一的解为

$$W(x,t) = \sum_{n=0}^{\infty} -\frac{H_n \cdot Q_{\max} \cdot \omega}{S \cdot k_b} \cdot \frac{\mathrm{e}^{z_1 t} - \mathrm{e}^{z_2 t}}{z_1 - z_2} \cdot \cos(\lambda_n x) \tag{2.17}$$

问题二的求解，令：

$$V(x,t) = \sum_{n=0}^{\infty} T_{0n}(t) \cdot \cos(\lambda_n x) \tag{2.18}$$

当 $T_{0n}(t)$ 满足方程：

$$T''_{0n}(t) + AT'_{0n}(t) + (B + C^2 \lambda_n^2)T_{0n}(t) + f_n(t) = 0 \tag{2.19}$$

时，式 (2.18) 必满足问题二的支配方程，其中 $f_n(t) = \dfrac{H_n}{S \cdot k_b} f(t)$。

方程 (2.19) 的解为

$$T_{0n}(t) = C_{1n}\mathrm{e}^{z_1 t} + C_{2n}\mathrm{e}^{z_2 t} + T_{0n}^* \tag{2.20}$$

式中，

$$C_{1n} = \frac{H_n Q_{\max} \omega}{S \cdot k_b} \cdot \frac{z_2 A C^2 (\lambda_n^2 + R'^2) - \left[(B - \omega^2 - C^2 R'^2)(B - \omega^2 + C^2 \lambda_n^2) + A^2 \omega^2 \right]}{\left[(B - \omega^2 + C^2 \lambda_n^2)^2 + \omega^2 A^2 \right](z_1 - z_2)};$$

$$C_{2n} = -\frac{H_n Q_{\max} \omega}{S \cdot k_b} \cdot \frac{z_1 A C^2 (\lambda_n^2 + R'^2) - \left[(B - \omega^2 - C^2 R'^2)(B - \omega^2 + C^2 \lambda_n^2) + A^2 \omega^2 \right]}{\left[(B - \omega^2 + C^2 \lambda_n^2)^2 + \omega^2 A^2 \right](z_2 - z_1)};$$

$$T'_{0n} = -\frac{H_n Q_{\max}}{S \cdot k_b} \cdot \frac{\left[(B - \omega^2 - C^2 R'^2)(B - \omega^2 + C^2 \lambda_n^2) + A^2 \omega^2 \right]\sin\omega t + A\omega C^2(\lambda_n^2 + R'^2)\cos\omega t}{(B - \omega^2 + C^2 \lambda_n^2)^2 + \omega^2 A^2}$$

由式 (2.8)、式 (2.17)、式 (2.20)，并对有关项展开、合并、整理得锚杆稳态激励响应问题的解析解：

$$u(x,t) = 2 \cdot L \frac{Q_{\max}}{ES} \sum_{n=0}^{\infty} R_n \left\{ F_{1n} \cdot \omega \frac{z_2 \mathrm{e}^{z_1 t} - z_1 \mathrm{e}^{z_2 t}}{z_2 - z_1} + F_{2n} \cdot \omega \frac{\mathrm{e}^{z_1 t} - \mathrm{e}^{z_2 t}}{z_2 - z_1} + (F_{2n}\sin\omega t \right.$$
$$\left. - \omega F_{1n}\cos\omega t) \right\}\cos(\lambda_n x)$$

式中，

$$R_n = 1 - \frac{\beta_b}{\lambda_n^2 L^2 + \beta_b^2 + \beta_b};$$

$$F_{1n} = \frac{AC^2}{(B - \omega^2 + C^2 \lambda_n^2)^2 + \omega^2 A^2};$$

$$F_{2n} = \frac{C^2(B - \omega^2 + C^2 \lambda_n^2)}{(B - \omega^2 + C^2 \lambda_n^2)^2 + \omega^2 A^2}$$

令 $T_c = L / C$（即弹性纵波从锚杆顶端传播到底端所需时间），并取如下无量纲变量：

$$\alpha = T_{\rm c}^2 A; \quad \beta = T_{\rm c}^2 B; \quad \gamma = T_{\rm c}\omega; \quad \tilde{t} = t/T_{\rm c}; \quad \tilde{x} = x/L; \quad \lambda_n' t = \lambda_n L$$

可得

$$u(x,t) = 2L\frac{Q_{\max}}{ES}\sum_{n=0}^{\infty}R_n\Big\{[F_{1n}'\frac{z_2'{\rm e}^{z_1'\tilde{t}} - z_1{\rm e}^{z_2'\tilde{t}}}{z_2' - z_1'} + F_{2n}'\frac{{\rm e}^{z_1'\tilde{t}} - {\rm e}^{z_2'\tilde{t}}}{z_2' - z_1'}]\gamma \tag{2.21}$$
$$+ [F_{2n}'\sin(\gamma\tilde{t}) - \gamma F_{1n}'\cos(\gamma\tilde{t})]\Big\}\cos(\lambda_n'\tilde{x})$$

式中，

$$F_{1n}' = \frac{\alpha}{(\beta - \gamma^2 + \lambda_n'^2)^2 + \alpha^2\gamma^2};$$
$$F_{2n}' = \frac{\beta - \gamma^2 + \lambda_n'^2}{(\beta - \gamma^2 + \lambda_n'^2)^2 + \alpha^2\gamma^2};$$
$$R_n = 1 - \frac{\beta_b}{\lambda_n'^2 + \beta_b^2 + \beta_b};$$
$$\left.\begin{array}{c}z_1'\\z_2'\end{array}\right\} = -\frac{\alpha}{2} \pm \sqrt{\alpha - 4(\lambda_n'^2 + \beta)}$$

由式(2.21)可知，锚杆顶端受稳态正弦激励时，锚杆体某处的位移响应受六个无量纲变量支配，即 β_b、α、β、γ、$\tilde{x}$、$\tilde{t}$，而某一确定位置的响应时程仅受四个变量支配，即 β_b、α、β、γ。其中，β_b 记为锚杆底端围岩刚度因子；α 记为侧向胶结体及围岩对锚杆体共同作用的阻尼因子；β 为侧向胶结体及围岩对锚杆体共同作用的刚度因子；γ 为激振力频率因子。

式(2.21)对 t 取偏导数，可得速度响应：

$$\frac{\partial u}{\partial t} = 2C\frac{Q_{\max}}{ES}\sum_{n=0}^{\infty}R_n\gamma\Big\{[F_{1n}'\frac{z_1'z_2'({\rm e}^{z_1'\tilde{t}} - z_1{\rm e}^{z_2'\tilde{t}})}{z_2' - z_1'} + F_{2n}'\frac{z_1'{\rm e}^{z_1'\tilde{t}} - z_2'{\rm e}^{z_2'\tilde{t}}}{z_2' - z_1'}] \tag{2.22}$$
$$+ [F_{2n}'\cos(\gamma\tilde{t}) + \gamma F_{1n}'\sin(\gamma\tilde{t})]\Big\}\cos(\lambda_n'\tilde{x})$$

2.2.2　广义函数法

利用函数代换法求解锚杆顶端受纵向激励问题，从数学上看有些烦琐。而利用广义函数使得这一问题的建模与求解大为简化。利用广义函数 δ 函数的性质：

$$\delta(x) = \begin{cases}\infty & x = 0\\0 & x \neq 0\end{cases}; \quad \int_{-\infty}^{+\infty}\delta(x){\rm d}x = 1; \quad \int_{-\infty}^{+\infty}\delta(x)f(x){\rm d}x = f(0)$$

将作用在锚杆顶的集中力 $Q(t)$ 表示成沿锚杆长度方向分布力的形式，分布密度为 $\delta(x)Q(t)$。则：

支配方程：

$$C^2\frac{\partial^2 u}{\partial x^2} = \frac{\partial^2 u}{\partial t^2} + A\frac{\partial u}{\partial t} + Bu - \frac{Q(t)}{\rho\cdot S}\delta(x) \tag{2.23}$$

初始条件：

$$u(x,0) = 0; \quad \left.\frac{\partial u}{\partial t}\right|_{(x,0)} = 0 \tag{2.24}$$

边界条件:

$$\frac{\partial u}{\partial x}\bigg|_{x=0} = 0 \; ; \quad \left[Ru + \frac{\partial u}{\partial x}\right]_{x=L} = 0 \tag{2.25}$$

首先考虑对应齐次方程的解,利用分离变量法得形式解:

$$u(x,t) = \sum_{n=0}^{\infty} T_n(t) \cdot \cos(\lambda_n x)$$

特征函数具有正交性,即:

$$\int_0^L \cos(\lambda_n x)\cos(\lambda_m x)\mathrm{d}x = \begin{cases} 0, & n \neq m \\ \dfrac{L}{2}\left(1 + \dfrac{R}{\lambda_n^2 L^2 + R^2}\right), & n = m \end{cases}$$

考虑稳态正弦激振 $Q(t) = Q_{\max} \cdot \sin \omega t$,把上式代入支配方程得

$$\sum_{n=0}^{\infty} [T_n''(t) + AT_n'(t) + (B + C^2\lambda_n^2)T_n(t)]\cos(\lambda_n x) - \frac{Q(t)}{\rho \cdot S}\delta(x) = 0 \tag{2.26}$$

对上式两边同乘 $\cos(\lambda_n x)$,并在[0,L]上积分,利用特征函数正交性及 δ 函数的性质可得

$$T_n''(t) + AT_n'(t) + (B + C^2\lambda_n^2)T_n(t) = \frac{1}{LG_n}\frac{Q_{\max}}{\rho \cdot S}\sin(\omega t) \tag{2.27}$$

式中, $G_n = \dfrac{\lambda_n^2 L^2 + R^2 + R}{2(\lambda_n^2 L^2 + R^2)}$ 。

方程(2.27)的通解为

$$T_n(t) = C_{1n}\mathrm{e}^{z_1 t} + C_{2n}\mathrm{e}^{z_2 t} \tag{2.28}$$

式中, $\dfrac{z_1}{z_2} = -\dfrac{A}{2} \pm \dfrac{1}{2}\sqrt{A^2 - 4(\lambda_n^2 C^2 + B)}$; C_{1n} 、 C_{2n} 为待定系数。

由初始条件:

$$u(x,0) = 0 \; ; \quad \frac{\partial u}{\partial t}\bigg|_{(x,0)} = 0$$

可以求得

$$C_{1n} = \frac{-D_{2n}z_2 - \omega D_{1n}}{z_2 - z_1} \; ; \quad C_{2n} = \frac{D_{2n}z_1 + \omega D_{1n}}{z_2 - z_1} \tag{2.29}$$

方程(2.27)还具有特解形式:

$$T_n^*(t) = D_{1n}\sin\omega t + D_{2n}\cos\omega t \tag{2.30}$$

代入方程(2.27)得

$$D_{1n} = \frac{B + \lambda_n^2 C^2 - \omega^2}{(B + \lambda_n^2 C^2 - \omega^2)^2 + A^2\omega^2}\frac{1}{LG_n}\frac{Q_{\max}}{\rho \cdot S}$$

$$D_{2n} = \frac{-A\omega}{(B + \lambda_n^2 C^2 - \omega^2) + A^2\omega^2}\frac{1}{LG_n}\frac{Q_{\max}}{\rho \cdot S}$$

故原定解问题的解为

$$u(x,t) = \sum_{n=0}^{\infty}\left[\frac{(-D_{2n}z_2 - \omega D_{1n})\mathrm{e}^{z_1 t} + (D_{2n}z_2 + \omega D_{1n})\mathrm{e}^{z_2 t}}{z_2 - z_1} + (D_{1n}\sin\omega t + D_{2n}\cos\omega t)\right]\cos\lambda_n x \quad (2.31)$$

引入无量纲量 β_b、α、β、γ、$\tilde{x}$、$\tilde{t}$、λ_n'，式 (2.31) 变为

$$u(x,t) = 2L\frac{Q_{\max}}{SE}\sum_{n=0}^{\infty}R_n\{[F_{1n}'\frac{z_2'\mathrm{e}^{z_1'\tilde{t}} - z_1'\mathrm{e}^{z_2'\tilde{t}}}{z_2' - z_1'} + F_{2n}'\frac{\mathrm{e}^{z_1'\tilde{t}} - \mathrm{e}^{z_2'\tilde{t}}}{z_2' - z_1'}]\gamma$$
$$+ [F_{2n}'\sin(\gamma\tilde{t}) - a_3 F_{1n}'\cos(\gamma\tilde{t})]\}\cos\lambda_n'\tilde{x} \quad (2.32)$$

式中，

$$F_{1n}' = \frac{\alpha}{(\beta - \gamma^2 + \lambda_n'^2)^2 + \alpha^2\gamma^2}\;;$$

$$F_{2n}' = \frac{\alpha - \gamma^2 + \lambda_n'^2}{(\beta - \gamma^2 + \lambda_n'^2)^2 + \alpha^2\gamma^2}\;;$$

$$R_n = \frac{2}{G_n}\;;$$

$$z_1'\atop z_2' = -\frac{a_1}{2} \pm \frac{1}{2}\sqrt{a_1^2 - 4(\lambda_n'^2 + a_2)}$$

速度响应：

$$\frac{\partial u(x,t)}{\partial t} = 2C\frac{Q_{\max}}{SE}\sum_{n=0}^{\infty}R_n\{[F_{1n}'\frac{z_1'z_2'(\mathrm{e}^{z_1'\tilde{t}} - z_1'\mathrm{e}^{z_2'\tilde{t}})}{z_2' - z_1'} + F_{2n}'\frac{z_1'\mathrm{e}^{z_1'\tilde{t}} - z_2'\mathrm{e}^{z_2'\tilde{t}}}{z_2' - z_1'}]\gamma$$
$$+ [F_{2n}'\cos(\gamma\tilde{t}) + \gamma F_{1n}'\cos(\gamma\tilde{t})]\}\cos\lambda_n'\tilde{x} \quad (2.33)$$

当锚杆底为弹性支承时，考虑杆侧砂浆围岩共同作用，杆顶受稳态激振条件下锚杆振动问题的定解问题，可采用函数代换法和广义函数法来求解。虽然两种方法的定解问题具有不同的形式，而且其解法原理也不相同，但结果却完全相同，这从一个侧面为两者的正确性提供了一种验证。

2.3　完整锚杆顶端受瞬态激振时的解析解

在瞬态激振条件下，激励力脉冲常用半正弦波近似表示，而半正弦波可分解为两部分稳态正弦波的迭加 (图 2.2)，因此可利用稳态激振时的解迭加而求得瞬态激振时的解。

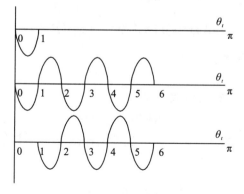

图 2.2　瞬态半正弦波的分解

$$u^*(x,t) = \begin{cases} u(x,t) & , \quad 0 \leqslant t \leqslant \dfrac{\pi}{\omega} \\ u(x,t) + u\left(x, t - \dfrac{\pi}{\omega}\right) & , \quad t > \dfrac{\pi}{\omega} \end{cases} \tag{2.34}$$

速度响应：

$$\frac{\partial u^*(x,t)}{\partial t} = \begin{cases} \dfrac{\partial u(x,t)}{\partial t} & , \quad 0 \leqslant t \leqslant \dfrac{\pi}{\omega} \\ \dfrac{\partial u(x,t)}{\partial t} + \dfrac{\partial u\left(x, t - \dfrac{\pi}{\omega}\right)}{\partial t} & , \quad t > \dfrac{\pi}{\omega} \end{cases} \tag{2.35}$$

式 (2.34)、式 (2.35) 中，$u(x,t)$ 为稳态解，$u^*(x,t)$ 为瞬态时的解。任意激励力波形只要其傅氏级数存在，均可利用迭加原理求得相应的解析解。

以上解的形式显得较复杂，下面利用分离变量法得到另一种解的形式。

考虑定解问题，支配方程：

$$C^2 \frac{\partial^2 u}{\partial x^2} = \frac{\partial^2 u}{\partial t^2} + A \frac{\partial u}{\partial t} + Bu \tag{2.36}$$

初始位移和初始速度：

$$\begin{cases} u(x,0) = 0 \\ \dfrac{\partial u(x,0)}{\partial t} = \dfrac{I\delta(L-x)}{S\rho} \end{cases} , \quad 0 \leqslant x \leqslant L \tag{2.37}$$

边界条件：

$$\begin{cases} \dfrac{\partial u(L,t)}{\partial x} + \dfrac{k_b}{E} u(L,t) = 0 \\ \dfrac{\partial u(0,t)}{\partial x} = 0 \end{cases} , \quad t > 0 \tag{2.38}$$

其中，I 是对锚杆顶部捶击的冲量；$\delta(x)$ 为 Dirac 函数，即脉冲函数。采用分离变量法，设 $u(x,t) = X(x)T(t)$，代入方程 (2.36) 得

$$X'' + \beta^2 X = 0 \tag{2.39}$$

$$T'' + AT' + BT + \beta^2 T \cdot C^2 = 0 \tag{2.40}$$

由方程 (2.39) 得

$$X(x) = A_1 \cos(\beta x) + A_2 \sin(\beta x)$$

代入边界条件第二式得

$$A_2 = 0$$

代入边界条件第一式得振动波数方程：

$$\beta_n \tan(\beta_n L) = R \tag{2.41}$$

式中，β_n 是波数方程的正根序列，称弹性支撑锚杆振动应力波的圆波数序列。

由微分方程 (2.40) 得特征根：

$$x_{1,2} = -\frac{A}{2} \pm \mathrm{j}\sqrt{(\beta_n^2 C^2 + B) - A^2/4}$$

记 $\omega_n = \sqrt{(\beta_n^2 C^2 + B) - \dfrac{A^2}{4}} = \sqrt{\left(\beta_n^2 + \dfrac{C_a k}{ES}\right)C^2 - \xi^2}$ ，其中阻尼比 $\xi = \dfrac{\eta C_a}{2\rho S}$ 。

ω_n 为锚杆-围岩结构系统的阻尼自振圆频率序列，它由锚杆长 L、波速 C 及阻尼比系数 ξ 决定。方程 (2.40) 的通解为

$$T_n(t) = \mathrm{e}^{-\xi t}\left[C_n \cos(\omega_n t) + D_n \sin(\omega_n t)\right]$$

所以支配方程 (2.36) 的通解为

$$u(x,t) = \sum_{n=1}^{\infty} \mathrm{e}^{-\xi t}\left[C_n \cos(\omega_n t) + D_n \sin(\omega_n t)\right]\cos(\beta_n x) \tag{2.42}$$

根据初始条件，求得参数 C_n、D_n，则定解问题的解为

$$u(x,t) = \frac{2I}{M} \mathrm{e}^{-\xi t} \sum_{n=1}^{\infty} \frac{\sin(\omega_n t)}{\omega_n} \cos \beta_n x \tag{2.43}$$

式 (2.43) 对时间 t 进行一次、二次微分，得到振动速度和加速度响应为

$$v(x,t) = \frac{2I}{M} \mathrm{e}^{-\xi t} \sum_{n=1}^{\infty} \frac{\omega_n \cos(\omega_n t) - \xi \sin(\omega_n t)}{\omega_n} \cos(\beta_n x) \tag{2.44}$$

$$a(x,t) = \frac{2I}{M} \mathrm{e}^{-\xi t} \sum_{n=1}^{\infty} \frac{(\xi^2 - \omega_n^2)\sin(\omega_n t) - 2\xi\omega_n \cos(\omega_n t)}{\omega_n} \cos(\beta_n x) \tag{2.45}$$

其中，$M = \rho SL$ 为锚筋的质量。由于实际动测时，所测信号是锚杆顶端的速度或加速度，把 $x = 0$ 代入式 (2.44)、式 (2.45) 得到杆端动测速度响应和加速度响应的解：

$$v(t) = \frac{2I}{M} \mathrm{e}^{-\xi t} \sum_{n=1}^{\infty} \frac{\omega_n \cos(\omega_n t) - \xi \sin(\omega_n t)}{\omega_n} \tag{2.46}$$

$$a(x) = \frac{2I}{M} \mathrm{e}^{-\xi t} \sum_{n=1}^{\infty} \frac{(\xi^2 - \omega_n^2)\sin(\omega_n t) - 2\xi\omega_n \cos(\omega_n t)}{\omega_n} \cos(\beta_n x) \tag{2.47}$$

2.4 完整锚杆-围岩结构系统动力响应的半解析解

在动力荷载作用下，锚杆杆底并不只是弹性支承，还应考虑杆底围岩的阻尼作用(图 2.3)。由于要得到相应的解析解较为困难，这里采用半解析解来分析。半解析法就是利用傅里叶变换，将所研究的数学力学模型从时域转到频域中进行，求出锚杆-围岩结构系统的频域动力响应。再利用傅里叶反变换获得锚杆的纵向瞬态时域响应，也称积分变换法。

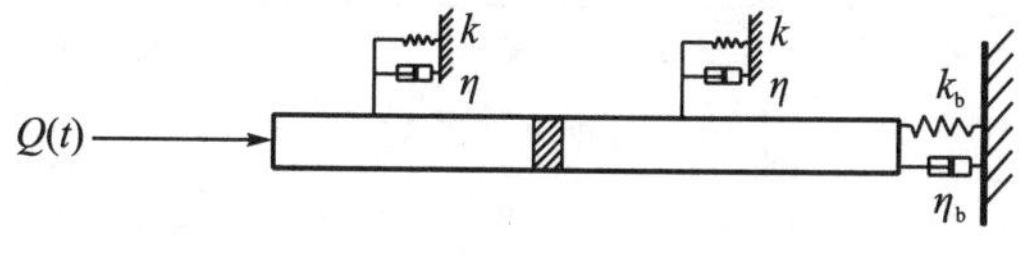

图 2.3 考虑杆底阻尼时完整锚杆低应变动力响应问题数学力学模型

考虑杆底阻尼时边界条件 (2.38) 第一式应为

$$\frac{\partial u(L,t)}{\partial x} + \left(\frac{k_b}{E} + \frac{\eta_b}{E}\frac{\partial u(L,t)}{\partial t}\right)u(L,t) = 0 \tag{2.48}$$

引入无量纲量：$\alpha = T_c A$；$\beta = T_c^2 B$；$\tilde{t} = t / T_c$；$\tilde{x} = x / L$；$\beta_b = k_b L / E$；$\alpha_b = \dfrac{\eta_b}{E} C$。

其中，α 为杆侧阻尼因子；β 为杆侧刚度因子；β_b 为杆底刚度因子；α_b 为杆底阻尼因子。

对支配方程及初边值条件统一量纲化得：

支配方程：

$$\frac{\partial^2 u(\tilde{x},\tilde{t})}{\partial \tilde{x}^2} = \frac{\partial^2 u(\tilde{x},\tilde{t})}{\partial \tilde{t}^2} + \alpha \frac{\partial u(\tilde{x},\tilde{t})}{\partial \tilde{t}} + \beta u(\tilde{x},\tilde{t}) \tag{2.49}$$

初始条件：

$$u(\tilde{x},0) = 0 ; \quad \frac{\partial u(\tilde{x},0)}{\partial \tilde{t}} = 0 \tag{2.50}$$

边界条件：

$$\frac{\partial u(0,\tilde{t})}{\partial \tilde{x}} = -\frac{Q(\tilde{t})L}{ES} ; \quad (\alpha_b + \beta_b)u(1,\tilde{t}) + \frac{\partial u(1,\tilde{t})}{\partial \tilde{x}} = 0 \tag{2.51}$$

令 $U(\tilde{x},s)$、$Q_L(s)$ 分别为 $u(\tilde{x},\tilde{t})$、$Q(\tilde{t})$ 的拉普拉斯变换，即：

$$U(\tilde{x},s) = L\big[u(\tilde{x},\tilde{t})\big] = \int_0^\infty u(\tilde{x},\tilde{t})e^{-s\tilde{t}}\mathrm{d}\tilde{t} , \quad Q_L(s) = L[Q(\tilde{t})] = \int_0^\infty Q(\tilde{t})e^{-s\tilde{t}}\mathrm{d}\tilde{t}$$

对式 (2.49) ～式 (2.51) 分别进行拉普拉斯变换，得：

支配方程：

$$\frac{\mathrm{d}^2 U(\tilde{x},s)}{\mathrm{d}\tilde{x}^2} - \lambda^2 U(\tilde{x},s) = 0 \tag{2.52}$$

边界条件：

$$\frac{\mathrm{d}U(0,s)}{\mathrm{d}\tilde{x}} = -\frac{Q_L(s)L}{ES} \tag{2.53}$$

$$\frac{\mathrm{d}U(1,s)}{\mathrm{d}\tilde{x}} + (\alpha_b s + \beta_b)U(1,s) = 0 \tag{2.54}$$

其中，$\lambda^2 = s^2 + \alpha s + \beta$。

2.4.1 指数形式解

方程 (2.52) 的指数形式的通解为

$$U(\tilde{x},s) = Me^{\lambda\tilde{x}} + Ne^{-\lambda\tilde{x}} \tag{2.55}$$

式中，M、N 由边界条件决定。将式 (2.55) 代入式 (2.53)、式 (2.54) 得

$$M = \frac{[\lambda e^{-\lambda} - (\alpha_b s + \beta_b)e^{-\lambda}]}{\lambda[e^\lambda(\lambda + \alpha_b s + \beta_b) - e^{-\lambda}(\lambda - \alpha_b s - \beta_b)]}\frac{Q_L(s)L}{ES} \tag{2.56}$$

$$N = \frac{[\lambda e^\lambda + (\alpha_b s + \beta_b)e^\lambda]}{\lambda[e^\lambda(\lambda + \alpha_b s + \beta_b) - e^{-\lambda}(\lambda - \alpha_b s - \beta_b)]}\frac{Q_L(s)L}{ES} \tag{2.57}$$

将式 (2.56)、式 (2.57) 代入式 (2.55) 便得到任一位置的响应 $U(\tilde{x},s)$，再通过积分变换及初始条件可得到 $u(\tilde{x},\tilde{t})$。

现在研究瞬态振动锚杆顶端响应，在式 (2.55) 中令 $s = j\varpi$，相应拉普拉斯变换转化成傅里叶变换，则锚杆杆顶频域内的位移响应为

$$U(0,\mathrm{j}\varpi) = M + N = \frac{[\lambda\mathrm{e}^{-\lambda}-(\alpha_\mathrm{b}s+\beta_\mathrm{b})\mathrm{e}^{-\lambda}]+[\lambda\mathrm{e}^{\lambda}+(\alpha_\mathrm{b}s+\beta_\mathrm{b})\mathrm{e}^{\lambda}]}{\lambda[\mathrm{e}^{\lambda}(\lambda+\alpha_\mathrm{b}s+\beta_\mathrm{b})-\mathrm{e}^{-\lambda}(\lambda-\alpha_\mathrm{b}s-\beta_\mathrm{b})]}\frac{Q_\mathrm{L}(\mathrm{j}\varpi)L}{ES} \tag{2.58}$$

速度响应函数为

$$V(0,\mathrm{j}\varpi) = \mathrm{j}\varpi\frac{[\lambda\mathrm{e}^{-\lambda}-(\alpha_\mathrm{b}s+\beta_\mathrm{b})\mathrm{e}^{-\lambda}]+[\lambda\mathrm{e}^{\lambda}+(\alpha_\mathrm{b}s+\beta_\mathrm{b})\mathrm{e}^{\lambda}]}{\lambda[\mathrm{e}^{\lambda}(\lambda+\alpha_\mathrm{b}s+\beta_\mathrm{b})-\mathrm{e}^{-\lambda}(\lambda-\alpha_\mathrm{b}s-\beta_\mathrm{b})]}\frac{Q_\mathrm{L}(\mathrm{j}\varpi)L}{ES} \tag{2.59}$$

对式 (2.58)、式 (2.59) 进行傅里叶逆变换，可得到杆顶位移和速度的时域响应：

$$u(0,\tilde{t}) = F^{-1}[U(0,\mathrm{j}\varpi)] \tag{2.60}$$

$$v(0,\tilde{t}) = F^{-1}[V(0,\mathrm{j}\varpi)] \tag{2.61}$$

对于速度响应，令 $Q(t)$ 的形式为半个瞬态正弦波，即：

$$Q(t) = \begin{cases} Q_{\max}\sin(\theta t), & 0\leqslant t\leqslant\dfrac{\pi}{\theta} \\ 0, & t\geqslant\dfrac{\pi}{\theta} \end{cases} \tag{2.62}$$

令频率因子 $\gamma = T_\mathrm{c}\theta$，式 (2.62) 变为

$$Q(\tilde{t}) = \begin{cases} Q_{\max}\sin(\gamma\tilde{t}), & 0\leqslant\tilde{t}\leqslant\dfrac{\pi}{\gamma} \\ 0, & \tilde{t}\geqslant\dfrac{\pi}{\gamma} \end{cases} \tag{2.63}$$

则锚杆顶端速度时域响应的表达式为

$$v(0,\tilde{t}) = \frac{Q_{\max}L}{ES}\sin(\gamma\tilde{t})*F^{-1}\left\{\mathrm{j}\varpi\frac{[\lambda\mathrm{e}^{-\lambda}-(\alpha_\mathrm{b}s+\beta_\mathrm{b})\mathrm{e}^{-\lambda}]+[\lambda\mathrm{e}^{\lambda}+(\alpha_\mathrm{b}s+\beta_\mathrm{b})\mathrm{e}^{\lambda}]}{\lambda[\mathrm{e}^{\lambda}(\lambda+\alpha_\mathrm{b}s+\beta_\mathrm{b})-\mathrm{e}^{-\lambda}(\lambda-\alpha_\mathrm{b}s-\beta_\mathrm{b})]}\right\} \tag{2.64}$$

式中，$*$ 表示卷积；设 $\tilde{v}(0,\tilde{t}) = \dfrac{ES}{Q_{\max}L}v(0,\tilde{t})$，则：

$$\tilde{v}(0,\tilde{t}) = \sin(\gamma\tilde{t})*F^{-1}\left\{\mathrm{j}\varpi\frac{[\lambda\mathrm{e}^{-\lambda}-(\alpha_\mathrm{b}s+\beta_\mathrm{b})\mathrm{e}^{-\lambda}]+[\lambda\mathrm{e}^{\lambda}+(\alpha_\mathrm{b}s+\beta_\mathrm{b})\mathrm{e}^{\lambda}]}{\lambda[\mathrm{e}^{\lambda}(\lambda+\alpha_\mathrm{b}s+\beta_\mathrm{b})-\mathrm{e}^{-\lambda}(\lambda-\alpha_\mathrm{b}s-\beta_\mathrm{b})]}\right\} \tag{2.65}$$

2.4.2　三角函数解

式 (2.52) 也可表示为

$$\frac{\mathrm{d}^2U(\tilde{x},s)}{\mathrm{d}\tilde{x}^2} + \zeta^2U(\tilde{x},s) = 0 \tag{2.66}$$

其中，$\zeta^2 = -(s^2+\alpha s+\beta)$，取此方程的三角函数形式的通解为

$$U(\tilde{x},s) = M\sin\zeta\tilde{x} + N\cos\zeta\tilde{x} \tag{2.67}$$

代入式 (2.53)、式 (2.54) 得

$$M = -\frac{Q_\mathrm{L}(s)L}{\zeta ES} \tag{2.68}$$

$$N = -\frac{Q_\mathrm{L}(s)L}{\zeta ES}\cdot\frac{\zeta\cos\zeta+(\alpha_\mathrm{b}s+\beta_\mathrm{b})\sin\zeta}{[\zeta\sin\zeta-(\alpha_\mathrm{b}s+\beta_\mathrm{b})\cos\zeta]} \tag{2.69}$$

设 $\sin\varphi = (\alpha_\mathrm{b}s+\beta_\mathrm{b})/[(\alpha_\mathrm{b}s+\beta_\mathrm{b})^2+\zeta^2]^{1/2}$，$\cos\varphi = \zeta/[(\alpha_\mathrm{b}s+\beta_\mathrm{b})^2+\zeta^2]^{1/2}$，即：

$$\varphi = \arctan[(\alpha_b s + \beta_b)/\zeta]$$

则：

$$N = -\frac{Q_L(s)L}{\zeta ES}\cdot\frac{\cos(\zeta-\varphi)}{\sin(\zeta-\varphi)} = -\frac{Q_L(s)L}{\zeta ES}\cot(\zeta-\varphi) \tag{2.70}$$

同样，把 M、N 代入式(2.67)可得到任一位置的响应 $U(\tilde{x},s)$，再通过积分变换及初始条件可得 $u(\tilde{x},\tilde{t})$。

锚杆杆顶频域内的位移响应为

$$U(0,s) = -\frac{Q_L(s)L}{\zeta ES}\cot(\zeta-\varphi) \tag{2.71}$$

锚杆杆顶的位移阻抗函数 Z 为

$$Z = \frac{Q_L(s)}{U(0,s)} = -\zeta ES\tan(\zeta-\varphi)/L \tag{2.72}$$

当锚杆杆顶受到半正弦脉冲

$$Q(\tilde{t}) = Q_{max}\sin\gamma\tilde{t},\quad 0\leqslant\tilde{t}\leqslant\frac{\pi}{\gamma}$$

激励，设 $Q_L(\omega)$ 为 $Q(\tilde{t})$ 的傅里叶变换：

$$Q_L(\omega) = \frac{\gamma}{\gamma^2-\omega^2}(1+e^{-i\omega\frac{\pi}{\gamma}})$$

锚杆杆顶位移响应为

$$u(0,\tilde{t}) = F^{-1}[U(0,j\omega)] = Q_{max}F^{-1}[-\frac{\gamma}{\gamma^2-\omega^2}(1+e^{-i\omega\frac{\pi}{\gamma}})\cdot\frac{Q_L(j\omega)L}{\zeta ES}\cot(\zeta-\varphi)] \tag{2.73}$$

速度响应为

$$v(0,\tilde{t}) = F^{-1}[j\omega U(0,j\omega)] = Q_{max}F^{-1}[-\frac{j\omega\gamma}{\gamma^2-\omega^2}(1+e^{-i\omega\frac{\pi}{\gamma}})\cdot\frac{Q_L(j\omega)L}{\zeta ES}\cot(\zeta-\varphi)] \tag{2.74}$$

2.5 完整锚杆-围岩结构系统瞬态动力响应的基本特性

由式(2.46)、式(2.47)可知，瞬态动力响应除了具有随时间而衰减(衰减因子为 $e^{-\xi t}$)的特性外，还具有如下基本特性。

2.5.1 多频谐振特性

锚杆系统的受激振动不是一种简谐振动，而是多频谐振的合成振动。

$$\omega_n \approx \beta_n C = \frac{2n-1}{2L}\pi C$$

于是，

$$\omega_1 \approx \frac{\pi C}{2L},\quad \omega_2 \approx \frac{3\pi C}{2L},\cdots,\ \text{或}\ f_1 \approx \frac{C}{4L},\quad f_2 \approx \frac{3C}{4L},\cdots$$

所以

$$\Delta f = f_{n+1} - f_n = \frac{L}{2C} \tag{2.75}$$

这就是用来估计锚杆长 L 或波速 C 的一个公式。

2.5.2　空间特性

已知振动响应 $u(x,t)$ 是空间变量 x 和时间变量 t 的函数（如 $t = t_0$），振动响应将仅随 x（即沿锚杆轴向方向）的变化特性称为空间特性，它反映了应力波沿锚杆轴的传播特性，由瞬态振动响应的数学模型可知，锚杆受振动的应力波是一种多谐波合成的波，波长和圆波数的关系为

$$\lambda_n = 2\pi / \beta_n = 4L / (2n-1) \tag{2.76}$$

即：　　　　$\lambda_1 = 4L$，$\lambda_2 = 4L / 3 = \lambda_1 / 3$，$\lambda_3 = 4L / 5 = \lambda_1 / 5, \cdots$

2.5.3　完整锚杆-围岩结构系统动力特性

根据三角函数解法编制了相应的计算程序，设锚杆杆长 3.5 m，直径 22mm，弹性模量 200 GPa，密度 7800 kg / m³，瞬态脉冲力宽10μs。图 2.4 是 $\beta = 400.3$，$\beta_b = 0.031$ 保持不变，改变杆侧阻尼得到的杆顶速度响应的计算结果；图 2.5 是 $\alpha = 3.5$，$\beta_b = 0.031$ 保持不变，改变杆侧刚度得到的杆顶速度响应的计算结果；图 2.6 是 $\alpha = 3.5$，$\beta = 300$ 保持不变，改变杆底刚度得到的杆顶速度响应的计算结果；图 2.7 为不同杆底阻尼因子对杆顶速度响应的计算结果。

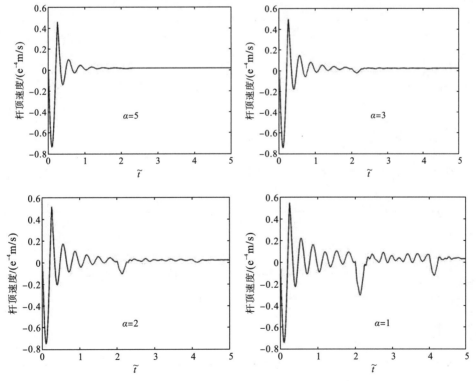

图 2.4　杆侧阻尼对杆顶速度响应曲线的影响

注：$\tilde{t} = t / T_c$ 其中，T_c 表示波从杆端传至杆底的时间。

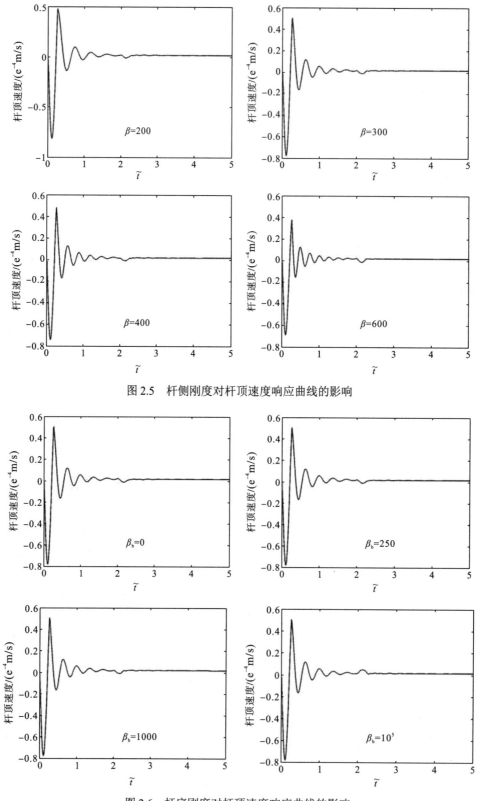

图2.5 杆侧刚度对杆顶速度响应曲线的影响

图2.6 杆底刚度对杆顶速度响应曲线的影响

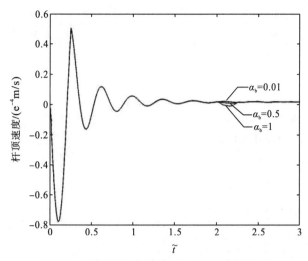

图 2.7　杆底阻尼对杆顶速度响应曲线的影响

由图 2.4～图 2.7 中可看出：

(1)随着杆侧阻尼参数的减小，应力波的衰减幅度及速度减慢，并且底端反射越来越显著，可见杆侧阻尼参数是衡量锚杆锚固质量的一个重要指标。

(2)杆侧刚度变化对杆顶速度响应的影响主要表现在振幅的衰减以及底端反射波到达之前波形的振荡频率，即随杆侧刚度的增大，振幅衰减加快，振荡频率增加，杆侧刚度也是衡量锚杆锚固质量的一个重要指标。

(3)杆底刚度参数对杆顶速度响应的影响不大，这主要是因为对于完整锚杆，应力波在传播过程中的衰减很快，底端反射不明显，对波形的影响极小，但当杆底刚度很大时，底端反射波与入射波反相。

(4)杆底阻尼只对杆底反射波的强弱有影响，而对第一次反射波之前的波形无多大影响。

利用信号分析理论，对锚杆瞬态动力速度响应作傅里叶变换，可得频幅关系曲线。图 2.8 是当杆侧刚度因子 $\beta=400$，改变 α 的值得到的频幅关系曲线。图 2.9 是当杆侧阻尼因子 $\alpha=5$，改变 β 的值得到的频幅关系曲线。

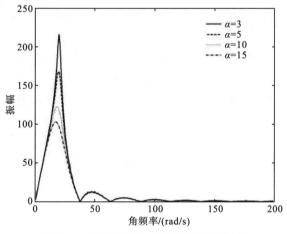

图 2.8　杆侧阻尼因子对频幅曲线的影响

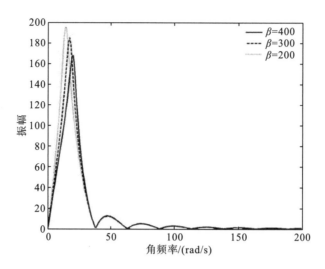

图 2.9　杆侧刚度因子对频幅曲线的影响

从图 2.8、图 2.9 中可看出：

(1)锚杆杆侧介质的阻尼对锚杆的固有频率影响甚微，可以忽略不计。但随着杆侧阻尼的增大，一阶共振频率处的振幅显著下降，对高阶共振频率处的振幅影响较小。

(2)锚杆杆侧刚度的大小对锚杆的固有频率影响相当大，刚度越大，固有频率越高，但一阶共振频率处的振幅有所下降，对高阶共振频率处的振幅影响较小。

2.6　损伤锚杆纵向动力响应的数学力学模型及定解问题

锚杆的损伤定义为锚杆失去全部或大部分锚固作用力。通过大量现场调研，发现锚杆的可能损伤形式有三种：①锚杆杆体拉断；②锚杆黏结失效；③锚杆靠近围岩表面一侧锚空失效[24,25]。

(1)锚杆杆体拉断破坏：这种破坏形式常常被用作设计锚杆截面尺寸的依据。现场调研发现，锚杆杆体拉断大多发生在丝扣段或档圈处(管缝式锚杆)。这是由于加工丝扣削弱了锚杆截面，降低了抗拉强度，使丝扣段成为最危险截面，丝扣段抗拉强度只是非丝扣段的 60%～80%。

(2)锚杆黏结失效：锚杆与围岩间最大剪应力出现在靠近围岩表面处，因此，该处可能首先发生这种形式破坏。这种破坏首先从最大剪应力处开始，随着抗剪强度的降低，剪应力峰值向锚杆里转移，破坏也逐渐向里扩展，最终导致整个锚固失效，即锚杆抗剪阻能力失效。另外，施工时搅拌不充分或工序不当，造成锚固力下降；眼孔深度、直径与锚固剂直径不匹配，杆体凝结面积小，眼孔内岩尘、煤粉、水等杂质未清理干净，使锚固剂黏结性能降低；锚固剂质量差，黏结性能低，现场调研发现一些锚杆被拉入或拉出、锚杆内陷、锚杆与围岩脱开，就是这种失效的最终表现形式。

(3)锚杆锚空失效：这种破坏有两种原因，其一是锚杆之间喷层鼓裂脱落或围岩开裂、冒落，使锚杆悬露，失去支承，丧失锚固作用；其二是锚杆托板破裂、破坏，使锚杆外端锚空，大大降低锚固能力。

在这三种锚杆失锚形式中，杆体断裂失锚约占 2%，可通过加大锚杆杆体截面或利用搓丝机或滚丝机加工丝扣。锚杆锚空失效主要表现为托扳失效、螺母失效和围岩软弱及压力大引起围岩破坏迅速，造成锚杆锚空，这种现象占比接近 50%，其主要原因是锚杆设计不合理或材料质量存在问题，但由于在锚头部位，容易检查出来。而锚杆黏结失效失锚现象约占 50%。黏结失效发生在锚固体内部，不容易检测出来，需要用先进的无损探伤技术来诊断。为此，本书主要就锚杆内部黏结失效的损伤问题进行研究。

损伤锚杆低应变纵向动力响应问题的数学力学模型见图 2.10，锚杆系统的损伤主要体现在锚杆杆侧胶结体和围岩共同对锚杆作用的等效特征参数的变化。把杆侧分为 n 段，其等效弹性系数和阻尼系数分别为 k_i、η_i，等效特征参数变化处离杆顶的长度为 L_i，其中 $L_0 = 0$，$L_n = L$，杆底等效弹性系数为 k_b，杆底等效阻尼系数 η_b，根据 2.4 节的推导结果，令：

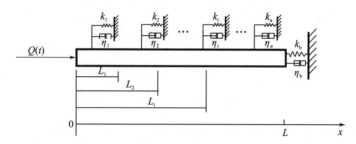

图 2.10　损伤锚杆低应变动力响应问题的数学力学模型

$$C = \sqrt{E/\rho}\ ,\quad T_c = L/C\ ,\quad \tilde{t} = t/T_c\ ,\quad \tilde{x} = x/L\ ,\quad m_i = L_i/L\ ,\quad \alpha_i = T_c \frac{\eta_i C_a}{\rho S}\ ,\quad \beta_i = T_c^2 \frac{k_i C_a}{\rho S}\ ,$$

$\alpha_b = \dfrac{\eta_b}{E}C$，$\beta_b = \dfrac{k_b}{E}L$。其中，$\alpha_i$ 为杆侧阻尼因子；β_i 为杆侧刚度因子；α_b 为杆端阻尼因子，β_b 为杆端刚度因子。对支配方程及初边值条件统一量纲化：

支配方程：

$$
\begin{cases}
\dfrac{\partial^2 u_1(\tilde{x}, \tilde{t})}{\partial \tilde{x}^2} = \dfrac{\partial^2 u_1(\tilde{x}, \tilde{t})}{\partial \tilde{t}^2} + \alpha_1 \dfrac{\partial u_1(\tilde{x}, \tilde{t})}{\partial \tilde{t}} + \beta_1 u_1(\tilde{x}, \tilde{t}) \\
\quad\vdots \\
\dfrac{\partial^2 u_i(\tilde{x}, \tilde{t})}{\partial \tilde{x}^2} = \dfrac{\partial^2 u_i(\tilde{x}, \tilde{t})}{\partial \tilde{t}^2} + \alpha_i \dfrac{\partial u_i(\tilde{x}, \tilde{t})}{\partial \tilde{t}} + \beta_i u_i(\tilde{x}, \tilde{t}) \\
\quad\vdots \\
\dfrac{\partial^2 u_n(\tilde{x}, \tilde{t})}{\partial \tilde{x}^2} = \dfrac{\partial^2 u_n(\tilde{x}, \tilde{t})}{\partial \tilde{t}^2} + \alpha_n \dfrac{\partial u_n(\tilde{x}, \tilde{t})}{\partial \tilde{t}} + \beta_n u_n(\tilde{x}, \tilde{t})
\end{cases}
\tag{2.77}
$$

边界条件：

$$\frac{\partial u_1(0, \tilde{t})}{\partial \tilde{x}} = -\frac{Q(\tilde{t})L}{ES} \tag{2.78}$$

$$\frac{\partial u_n(1, \tilde{t})}{\partial \tilde{x}} + \alpha_b \frac{\partial u_n(1, \tilde{t})}{\partial \tilde{t}} + \beta_b u_n(1, \tilde{t}) = 0 \tag{2.79}$$

各段连接处的位移应力连续条件：

$$\begin{cases} u_1(m_1,\tilde{t}) = u_2(m_1,\tilde{t}), & \dfrac{\partial u_1(m_1,\tilde{t})}{\partial \tilde{x}} = \dfrac{\partial u_2(m_1,\tilde{t})}{\partial \tilde{x}} \\ \qquad\qquad\qquad\vdots \\ u_i(m_i,\tilde{t}) = u_{i+1}(m_i,\tilde{t}), & \dfrac{\partial u_i(m_i,\tilde{t})}{\partial \tilde{x}} = \dfrac{\partial u_{i+1}(m_i,\tilde{t})}{\partial \tilde{x}} \\ \qquad\qquad\qquad\vdots \\ u_{n-1}(m_{n-1},\tilde{t}) = u_n(m_{n-1},\tilde{t}), & \dfrac{\partial u_{n-1}(m_{n-1},\tilde{t})}{\partial \tilde{x}} = \dfrac{\partial u_n(m_{n-1},\tilde{t})}{\partial \tilde{x}} \end{cases} \tag{2.80}$$

初始条件：

$$\begin{cases} u_1(\tilde{x},0) = 0, & \dfrac{\partial u_1(\tilde{x},0)}{\partial \tilde{x}} = 0 \\ \qquad\qquad\vdots \\ u_i(\tilde{x},0) = 0, & \dfrac{\partial u_i(\tilde{x},0)}{\partial \tilde{x}} = 0 \\ \qquad\qquad\vdots \\ u_n(\tilde{x},0) = 0, & \dfrac{\partial u_n(\tilde{x},0)}{\partial \tilde{x}} = 0 \end{cases} \tag{2.81}$$

令 $U_i(\tilde{x},s)$、$Q_L(s)$ 分别为 $u_i(\tilde{x},\tilde{t})$、$Q(\tilde{t})$ 的拉普拉斯变换，即：

$$U_i(\tilde{x},s) = L\big[u_i(\tilde{x},\tilde{t})\big] = \int_0^\infty u_i(\tilde{x},\tilde{t})e^{-s\tilde{t}}d\tilde{t}, \quad Q_L(s) = L[Q(\tilde{t})] = \int_0^\infty Q(\tilde{t})e^{-s\tilde{t}}d\tilde{t}$$

对式(2.77)～式(2.81)分别进行拉普拉斯变换，得到如下定解问题：

支配方程：

$$\frac{d^2 U_i(\tilde{x},s)}{d\tilde{x}^2} - \lambda_i^2 U_i(\tilde{x},s) = 0 \tag{2.82}$$

其中，$\lambda_i^2 = s^2 + \alpha_i s + \beta_i$，$i = 1,2,3,\cdots,n$。

边界条件：

$$\frac{dU_1(0,s)}{d\tilde{x}} = -\frac{Q_L(s)L}{ES} \tag{2.83}$$

$$\frac{dU_n(1,s)}{d\tilde{x}} + (\alpha_b s + \beta_b)U_n(1,s) = 0 \tag{2.84}$$

位移应力连续条件：

$$U_i(m_i,s) = U_{i+1}(m_i,s), \quad \frac{\partial U_i(m_i,s)}{\partial \tilde{x}} = \frac{\partial U_{i+1}(m_i,s)}{\partial \tilde{x}} \tag{2.85}$$

2.7　损伤锚杆杆顶瞬态动力响应的求解方法

2.7.1　传递矩阵法

方程(2.82)的通解可用指数形式表达为

$$U_i(\tilde{x},s) = M_i e^{\lambda_i \tilde{x}} + N_i e^{-\lambda_i \tilde{x}} \tag{2.86}$$

式中，M_i、N_i 由边界条件和连续条件决定。将式(2.86)代入式(2.82)~式(2.85)，经递推得

$$\begin{bmatrix} 1 & \alpha_b s + \beta_b \end{bmatrix} [D_n]\cdots[D_i]\cdots[D_1]\left\{ \begin{matrix} -\dfrac{Q_L(s)L}{ES} \\ U_1(0,s) \end{matrix} \right\} = 0 \tag{2.87}$$

其中，传递矩阵 $[D_i] = \begin{bmatrix} \lambda_i e^{\lambda_i m_i} & -\lambda_i e^{\lambda_i m_i} \\ e^{\lambda_i m_i} & e^{-\lambda_i m_i} \end{bmatrix}\begin{bmatrix} \lambda_i e^{\lambda_i m_{i-1}} & -\lambda_i e^{\lambda_i m_{i-1}} \\ e^{\lambda_i m_{i-1}} & e^{-\lambda_i m_{i-1}} \end{bmatrix}^{-1}$。

设 $\begin{bmatrix} R_1(s) & R_2(s) \end{bmatrix} = \begin{bmatrix} 1 & \alpha_b s + \beta_b \end{bmatrix}[D_n]\cdots[D_i]\cdots[D_1]$，则式(2.86)化为

$$U_1(0,s) = \frac{R_1(s)}{R_2(s)}\frac{Q_L(s)L}{ES} \tag{2.88}$$

对于锚杆各段任意位置的系数项 M_i、N_i，可通过下式求得

$$\left\{ \begin{matrix} M_i \\ N_i \end{matrix} \right\} = [E_i][D_n]\cdots[D_i]\cdots[D_1]\left\{ \begin{matrix} -\dfrac{Q_L(s)L}{ES} \\ U_1(0,s) \end{matrix} \right\} \tag{2.89}$$

其中，$[E_i] = \begin{bmatrix} \lambda_i e^{\lambda_i m_{i-1}} & -\lambda_i e^{\lambda_i m_{i-1}} \\ e^{\lambda_i m_{i-1}} & e^{-\lambda_i m_{i-1}} \end{bmatrix}^{-1}$

将式(2.89)代入式(2.86)便得到任一位置的响应 $U_i(\tilde{x},s)$，通过积分变换及初始条件可得 $u_i(\tilde{x},\tilde{t})$。

在实际检测工作中，人们最感兴趣的是锚杆顶端的振动信号，在式(2.88)中令 $s = j\omega$，则相应的拉普拉斯变换转化为傅里叶变换，此时杆顶的位移频响函数为

$$U_1(0,j\omega) = \frac{R_1(j\omega)}{R_2(j\omega)}\frac{Q_L(j\omega)L}{ES} \tag{2.90}$$

速度频响函数为

$$V_1(0,j\omega) = j\omega\frac{R_1(j\omega)}{R_2(j\omega)}\frac{Q_L(j\omega)L}{ES} \tag{2.91}$$

对式(2.90)、式(2.91)进行傅里叶逆变换，得到杆顶位移和速度的时域响应为

$$u_1(0,t) = F^{-1}[U_1(0,j\omega)] \tag{2.92}$$

$$v_1(0,t) = F^{-1}[V_1(0,j\omega)] \tag{2.93}$$

对于速度响应，令瞬态力波 $Q(t)$ 为半个瞬态正弦波，即：

$$Q(t) = \begin{cases} Q_{max}\sin\theta t, & 0\leqslant t\leqslant \pi/\theta \\ 0, & t\geqslant\pi/\theta \end{cases} \tag{2.94}$$

把 $t = \tilde{t}L/C$ 代入式(2.94)：

$$Q(t) = \begin{cases} Q_{max}\sin\omega\tilde{t}, & 0\leqslant\tilde{t}\leqslant\pi/\omega \\ 0, & \tilde{t}\geqslant\pi/\omega \end{cases} \tag{2.95}$$

其中，$\omega = \theta L/C$，根据信号分析理论，杆顶速度时域响应：

$$v_1(0,\tilde{t}) = \frac{Q_{max}L}{ES}\sin\theta\tilde{t} * F^{-1}\left[j\omega\frac{R_1(j\omega)}{R_2(j\omega)} \right] \tag{2.96}$$

又设 $\psi = \dfrac{Q_{\max}L}{ES}$，则：

$$\tilde{v}_1(0,\tilde{t}) = \psi \left\{ \sin\theta\tilde{t} * F^{-1} \left[\mathrm{j}\omega \frac{R_1(\mathrm{j}\omega)}{R_2(\mathrm{j}\omega)} \right] \right\} \tag{2.97}$$

2.7.2 阻抗函数传递法

首先以第 n 段锚杆单元作为研究对象，并假定第 $n-1$ 段锚杆单元对第 n 段锚杆左截面的作用力为 $f_n(\tilde{t})$，其拉氏变换为 $F_n(s)$，这样第 n 段锚杆的动力响应相当于完整锚杆的解，对第 n 段的基本方程、边界条件进行拉氏变换得

$$\begin{cases} \dfrac{\mathrm{d}^2 U_n(\tilde{x},s)}{\mathrm{d}\tilde{x}^2} + \xi_n{}^2 U_n(\tilde{x},s) = 0 \\[2mm] \dfrac{\partial U_n(0,s)}{\partial \tilde{x}} = -\dfrac{F_n(s)L}{ES} \\[2mm] \dfrac{\mathrm{d}U_n(1,s)}{\mathrm{d}\tilde{x}} + (\alpha_{\mathrm{b}}s + \beta_{\mathrm{b}})U_n(1,s) = 0 \end{cases} \tag{2.98}$$

其中，$\xi_n{}^2 = -(s^2 + \alpha_n s + \beta_n)$，$\varphi_n = \arctan[(\alpha_{\mathrm{b}}s + \beta_{\mathrm{b}})/\xi_n]$，则：

锚杆段左截面频域内的位移响应为

$$U_n(0,s) = -\frac{F_n(s)L}{\xi_n ES} \cot\left(\frac{\Delta L_n}{L}\xi_n - \varphi_n \right) \tag{2.99}$$

锚杆段左截面的位移阻抗函数 Z_n 为

$$Z_n = \frac{F_n(s)}{U_n(0,s)} = -\xi_n ES \tan\left(\frac{\Delta L_n}{L}\xi_n - \varphi_n \right)/L \tag{2.100}$$

再取第 $n-1$ 段锚杆单元作为研究对象，假定第 $n-2$ 段锚杆单元对第 $n-1$ 段锚杆左截面的作用力为 $f_{n-1}(\tilde{t})$，其拉氏变换为 $F_{n-1}(s)$，这样第 $n-1$ 段锚杆的动力响应也相当于对完整锚杆求解，只是边界条件不同而已，对第 $n-1$ 段的基本方程、边界条件进行拉氏变换得

$$\begin{cases} \dfrac{\mathrm{d}^2 U_{n-1}(\tilde{x},s)}{\mathrm{d}\tilde{x}^2} + \xi_{n-1}{}^2 U_{n-1}(\tilde{x},s) = 0 \\[2mm] \dfrac{\partial U_{n-1}(0,s)}{\partial \tilde{x}} = -\dfrac{F_{n-1}(s)L}{ES} \\[2mm] \dfrac{\mathrm{d}U_{n-1}(1,s)}{\mathrm{d}\tilde{x}} = -\dfrac{Z_n L}{ES}U_{n-1}(1,s) \end{cases} \tag{2.101}$$

其中，$\xi_{n-1}{}^2 = -(s^2 + \alpha_{n-1}s + \beta_{n-1})$。同理，第 $n-1$ 段锚杆左截面处的位移阻抗函数为

$$Z_{n-1} = -\xi_{n-1} ES \tan\left(\frac{\Delta L_{n-1}}{L}\xi_{n-1} - \varphi_{n-1} \right)/L \tag{2.102}$$

其中，$\varphi_{n-1} = \arctan[Z_n L/(\xi_{n-1}ES)]$，利用位移阻抗的传递性，依次递推可得第 1 段锚杆顶的位移：

$$Z_1 = -\xi_1 ES \tan\left(\frac{\Delta L_1}{L}\xi_1 - \varphi_1 \right)/L \tag{2.103}$$

$$\varphi_1 = \arctan[Z_2 L / (\xi_1 ES)] \tag{2.104}$$

杆顶的频域位移响应函数为

$$U(0,s) = -\frac{Q_L(s)L}{\xi_1 ES}\cot\left(\frac{\Delta L_1}{L}\xi_1 - \varphi_1\right) \tag{2.105}$$

由此根据傅里叶逆变换，可得到杆顶位移和速度的时域响应。

2.8 损伤锚杆杆顶瞬态动力响应的算例

根据以上得到的阻抗函数传递法编制了损伤锚杆瞬态动力响应的计算程序，分别对一根 3m 长的锚杆在不同损伤情况下进行了相应的锚杆顶端速度响应计算及频幅特性的计算，见图 2.11、图 2.12。图中曲线 1 对应完整锚杆，杆侧刚度因子为 300，杆侧阻尼因子为 3.5，杆底刚度因子为 0.0031，杆底阻尼因子为 0.05；曲线 2 对应在离锚杆顶 1.35～1.50m 处存在损伤，对应杆侧刚度因子为 100，杆侧阻尼因子为 1.0；曲线 3 对应在离锚杆顶 2.10～2.25m 处还存在另一损伤，对应杆侧刚度因子为 50，杆侧阻尼因子为 1.5。

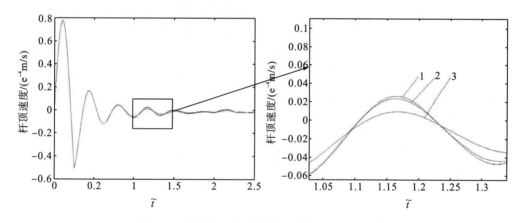

图 2.11 不同损伤锚杆杆顶速度响应曲线的比较

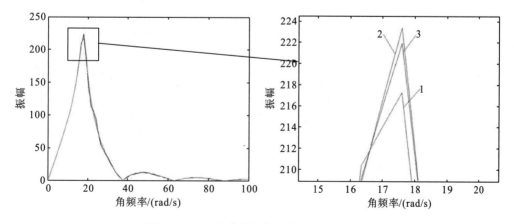

图 2.12 不同损伤锚杆杆顶频幅曲线的比较

从计算结果可知，当杆侧存在损伤时，即杆侧刚度因子或阻尼因子发生变化时，杆顶的速度响应表现为在峰值点的衰减，而对曲线的其他部位并无多大影响；而在频幅曲线上，主要反映在一阶共振频率处的振幅及一阶共振频率的细微变化。

第3章 锚杆-围岩结构系统低应变动力响应数值模拟

在计算机出现之前，科学研究主要依靠理论科学和实验手段两种方法。理论科学主要对各种自然现象的内在规律进行研究，试图用严密的数学模型描述这些规律，在一定条件下求出准确解，得出的结果用来判断模型是否反映实际现象，是否有需要改进的地方。实验科学试图在实验室用简化的实物模型来模拟实际的自然实体或工程实物，通过一系列设备仪器进行观测测量，揭示其本质规律性的东西。事实上，许多需要研究的对象，根本不可能精确地用理论描述出来，而用实验手段，不是太大就是太小、不是太快就是太慢，要模拟它们也是困难重重。伽利略和牛顿分别奠定了科学实验方法和科学理论方法的基础，对全世界的科技发展起到了极为重要的作用。随着计算机的出现和发展，对于那些精确性还不够，数学模型还未定型的问题，通过计算机利用数值模拟可以进行多个方案的模拟计算和对比筛选，或当数学模型复杂到解析求解不可能时，科学数值计算就成为解决问题的唯一手段，所以现代计算数学方法已成为当今科研工作的第三种科学方法。计算数学方法包括有限差分法、有限元法、边界元法、谱方法等，本章拟采用动力有限元法来描述锚杆-围岩结构系统的动力响应问题[26]。

3.1 锚杆-围岩系统瞬态动力响应的有限元分析方法

3.1.1 二阶系统瞬态分析

锚杆结构系统的动力学分析中，存在质量矩阵，它对应的是位移的二阶导数(即加速度)，所以系统在时间上存在二阶状态，为二阶系统。其求解的方程是：

$$[M]\ddot{\vec{u}} + [C]\dot{\vec{u}} + [K]\vec{u} = \vec{F} \tag{3.1}$$

其中，$[M]$ 为质量矩阵，$[C]$ 为阻尼矩阵，$[K]$ 为刚度矩阵，对应的项分别是加速度项、速度项和位移项；$\vec{F}$ 为施加在杆顶的瞬时荷载。

在求解该方程时，通常采用两种方法：前向差分时间积分法和纽马克时间积分法。前向差分时间积分法是一种显式方法，主要用于进行非线性动力学分析，如爆破分析以及复杂接触问题的计算(ANSYS/LS-DYNA)。纽马克时间积分法是一种隐式方法，主要思路是把式(3.1)中自由度的导数项(速度和加速度项)用相邻点的位移项代替。最终的替代方程是：

$$(a_0[M] + a_1[C] + [K])\vec{u}_{n+1} = \vec{F} + [M](a_0\vec{u}_n + a_2\dot{\vec{u}}_n + a_3\ddot{\vec{u}}_n) + [C](a_1\vec{u}_n + a_4\dot{\vec{u}}_n + a_5\ddot{\vec{u}}_n) \tag{3.2}$$

其中，a_i 是与时间步长相关的系数，分别为

$$\begin{cases} a_0 = 1 / \alpha \Delta t^2, \ a_1 = \delta / \alpha \Delta t, \ a_2 = 1 / \alpha \Delta t \\ a_3 = 1 / 2\alpha - 1, \ a_4 = \delta / \alpha - 1, \ a_5 = \Delta t / \left[2(\delta / \alpha - 2) \right] \end{cases} \tag{3.3}$$

可以直接输入 α、δ 以控制积分过程中各个项的作用，也可用 ANSYS 提供的替代方法，只需输入一个参数 γ，它们之间用简单的函数关系式相连：

$$\begin{cases} \alpha = (1 + \gamma)^2 / 2 \\ \delta = 1 / 2 + \gamma \end{cases} \tag{3.4}$$

式中，γ 称为幅度衰变因子，只要将 γ 设置为大于等于 0 的数，则方程(3.2)是无条件稳定的，即无论选取的时间步长为多少，迭代求解过程都是稳定的，而条件稳定指求解稳定性依赖于时间步长的选取。通常设置 γ 为略大于 0 的数，如 0.005。

3.1.2　求解方法

对于二阶瞬态方程，有三种求解方法：一是完全瞬态分析，这种方法不做任何其他假设，直接对方程求解，所以适用范围广，求解操作简单，但求解速度相对较慢，内存和硬盘需求较其他两种方法大；二是模态叠加分析，它使用结构的自然频率和振型来确定其对瞬态力函数的响应；三是缩减分析，它是利用缩减结构矩阵来求解平衡方程。

3.1.3　初始条件

在瞬态分析中，必须给系统指定初始条件，初始时的 $\vec{u}$、$\dot{\vec{u}}$、$\ddot{\vec{u}}$ 值都必须指定，若不指定，则系统默认为 0。对于缩减分析，只能静态分析得到初始条件，对于锚杆系统动力测试的初始条件，$\vec{u}$、$\dot{\vec{u}}$、$\ddot{\vec{u}}$ 值都为 0。

3.1.4　时间步长

瞬态分析中积分时间步长是重要而难以确定的选项。它决定了求解精度和求解时间。时间步长越长，求解精度越差，但求解消耗越小。在设置步长时，有如下准则：

(1)计算响应频率时，时间步长应当足够小，以能求解出结构的运动和响应。由于结构动力学响应可以看成是各阶模态响应的组合，时间步长应小到能够解出对整体响应有贡献的最高阶模态。事实上，时间步长还应比该最大频率对应的时间小得多，通常，积分步长应为 20 倍最大频率的倒数。若要得到加速度结果，应当设置更小的时间步长。

(2)时间步长应当足够反映载荷时间历程。对于线性载荷，时间步长可设置得较大，但对于非线性载荷，由于需要用线性载荷去拟合，应当设置得足够小。特别是对于阶跃载荷，要求在发生阶跃附近的点设置较小的步长，以紧紧跟随载荷的阶跃变化。

(3)若要计算波的传播，则时间步长应当小到足以捕足到波。

3.1.5　瞬态荷载的施加

瞬态动力学的荷载为时间的函数，加载时要把随时间变化的曲线分割成合适的荷载步，荷载时间关系曲线上的每个拐角都应设为一个荷载步。加载第一步通常是设定初始条件，然后才是为荷载步指定荷载和荷载步选项。对于每一个荷载步，都需要指定荷载值和时间值，当然还包括阶跃式或斜坡式选项、自动步长选项等，再把每个荷载步写入荷载步文件中，然后统一求解。

3.1.6　阻尼

阻尼是动态分析的一个重要概念，是系统能否最终趋于稳态的重要因素。ANSYS 把阻尼分为 5 类：

（1）Rayleigh 阻尼：包括质量阻尼系数（α 阻尼）和刚度阻尼系数（β 阻尼），这时系统阻尼矩阵计算为

$$[C] = \alpha[M] + \beta[K] \tag{3.5}$$

可以直接设置 α 和 β 两个阻尼常数。也可用振型阻尼比 ξ_i 计算。ξ_i 是某个振型 i 的实际阻尼和临界阻尼之比。若 ω_i 是模态 i 的固有角频率，则 α 和 β 与振型阻尼比的关系为

$$\xi_i = \alpha / (2\omega_i) + \beta\omega_i / 2 \tag{3.6}$$

许多实际问题中，质量阻尼可以忽略，则可以由已知的振型阻尼比和固有角频率计算出 β 值：

$$\beta = 2\xi_i / \omega_i \tag{3.7}$$

由于在一个载荷步中只能有一个阻尼值，因此应当选取该载荷步中被激活的最主要频率 ω_i 来计算阻尼。当质量阻尼不可忽略时，可以假定在某个频率范围内，质量阻尼与刚度阻尼之和为常数，即：$\alpha + \beta = C$。然后再联立阻尼比方程，求解得到质量阻尼 α 和刚度阻尼 β。

（2）材料阻尼：和材料相关的阻尼允许将 β 阻尼作为材料性质来指定。

（3）恒定阻尼比：这是结构分析中指定阻尼的最简单方法，表示实际阻尼与临界阻尼之比。

（4）振型阻尼：振型阻尼用于对不同振动模态指定不同的阻尼比。

（5）单元阻尼：单元阻尼只有当单元具有黏性阻尼特征时才进行计算。

3.2　锚杆系统低应变动力响应的一维有限元模拟

3.2.1　分析步骤

依据第 2 章锚杆系统的低应变动力响应的数学物理模型，利用 ANSYS 中的梁单元 BEAM3 模拟锚杆体，用连接单元 COMBIN14 模拟杆侧和杆顶的弹簧与阻尼单元。下面用 ANSYS 模拟一根长 3 m、直径 22 mm 的 PRB 钢完整锚杆瞬态分析过程。

1. 选定单元类型、给定锚杆系统力学特性参数

选择 BEAM3 单元，截面积为 379.94mm^2，惯性模量为 1.15×10^{-8}mm^4，选择两个

COMBIN14 单元，分别给定杆侧弹簧系数（$k_s = 2.1 \times 10^7 \mathrm{Pa \cdot m}$）和阻尼系数（$\eta_s = 77.5 \mathrm{Pa \cdot s \cdot m}$），杆底弹簧系数（$k_t = 3.53 \times 10^7 \mathrm{Pa \cdot m}$）和阻尼系数（$\eta_t = 65.9 \mathrm{Pa \cdot s \cdot m}$），锚杆体采用各向同性线弹性材料，输入材料弹性模量 $E = 2.0 \times 10^{11} \mathrm{Pa}$，密度 $\rho = 7800 \mathrm{kg/m^3}$。

2. 生成有限元模型

作一根 3 m 长的直线，选定单元 BEAM3 对直线进行单元划分，单元长设为 10mm，这样在直线上产生 301 个节点，在离直线左端一定距离处设一节点，再用杆底 COMBIN14 单元连接这个节点与直线上左端的节点，用杆侧 COMBIN14 单元连接这个节点与直线上其他的节点，并对这个节点进行全自由度约束。

3. 选择分析类型和求解方法

选择分析类型中的瞬态分析，并用缩减法进行求解，这是因为锚杆系统纵向低应变动力响应一维有限元模拟满足如下条件：

(1) 常质量、阻尼、刚度矩阵。这意味着没有大变形，没有应力刚化效应，也没有塑性、蠕变和膨胀。这使得求解时，这些矩阵只需做一次变换即可。

(2) 常时间步，即等时间步长。

(3) 没有单元载荷矢量，即没有压力或热应变，只有直接施加到主自由度上的节点力和作用在缩减质量上的加速度效应。

(4) 非零位移只能在主自由度上存在，其他自由度上的位移为 0。

这样只需求解线性方程组，计算速度可提高好几个数量级。设定直线上各节点的主自由度为 X 方向，见图 3.1。

图 3.1 锚杆系统一维有限元模型

4. 时间步长的选取

在用直接积分法进行有限元分析时，选取一个适当的时间步长是很重要的。一方面，为了取得解的精度，时间步长必须足够小；另一方面，时间步长又不能过小，否则，会使解题的运算量过大。对锚杆-围岩结构系统平衡方程组进行数值积分，目的是对系统的真实动力响应算出一个良好的近似解，为了精确地测出结构的动力响应，必须对所有的系统平衡方程进行精确积分，由于锚杆-围岩结构系统的 n 个周期 T_i ($i = 1, 2, \cdots, n$) 是已知的，而且对系统的平衡方程积分时，都采用相同的时间步长 Δt，所以必须按锚杆-围岩系统中的最小周期来选择 Δt，所以时间步长是很小的。因而，按这种要求估计一个 Δt 时，如果最小周期为 $T_n/10$，显然 T_n 应大于 $T_n/10$。但是，对大多数分析来说，主要的响应只发生在某些振型上，高阶振型对响应的影响不大。因此，只需对系统平衡方程的前 p 个方程进行精确积分。也就是说，可以修改 Δt，使之比第一个估计值约高出 T_p/T_n 倍。当用一个大小为 $T_p/10$ 的时间步长 Δt 时，在直接积分法中也会用相同的时间

步长 Δt 对高阶振型响应进行积分。当时间步长小到能足够精确积分高频响应时，计算结果的稳定性也就得到了保证。本模型中的瞬态激振力是一个半正弦波的脉冲力，力作用时间为 10×10^{-6}s。在有限元分析中，力是取 Δt 时刻的一个向量代入系统平衡方程的。把上一个时间步的响应作为已知条件，进行积分，得到系统这一个时间步的响应。所以对于时间步的选择，还要考虑脉冲力的作用时间。在此理论的基础上，通过试算，取时间步长为 1×10^{-6}s。

5. 施加瞬态荷载

在锚杆顶端施加一半正弦的瞬态荷载，见图 3.2，脉冲宽度为 $10\mu s$，幅度为 10N。共设 12 个荷载步，在正弦脉冲宽度范围内划分为 10 个荷载步，间隔时间为 $1\mu s$，第一荷载步为初始条件，第 12 荷载步为终止分析步，时间为 $1500\mu s$，瞬时荷载为 0，时间步为 $1\mu s$，具体见表 3.1。

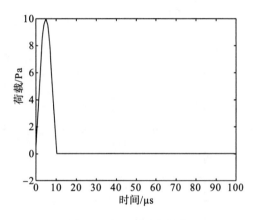

图 3.2 半正弦瞬态荷载

表 3.1 荷载步列表

荷载步	1	2	3	4	5	6	7	8	9	10	11	12
时间 / μs	0	1	2	3	4	5	6	7	8	9	10	1500
瞬时荷载/ N	0	3.09	5.878	8.09	9.511	1	9.511	8.09	5.878	3.09	0	0

6. 求解

对第 1～12 荷载步进行求解。

7. 提取分析结果

瞬态动力学分析产生的都是时间的函数，用时间历程处理器进行处理，得到锚杆顶部节点振动速度对随时间变化的关系曲线，即速度响应曲线，见图 3.3。改变锚杆中部 1～2m 段 COMBIN14 单元的弹簧系数和阻尼系数（$k_s = 10^4 \text{Pa} \cdot \text{m}$，$\eta_s = 12 \text{Pa} \cdot \text{s} \cdot \text{m}$）来模拟缺陷，计算结果见图 3.4。

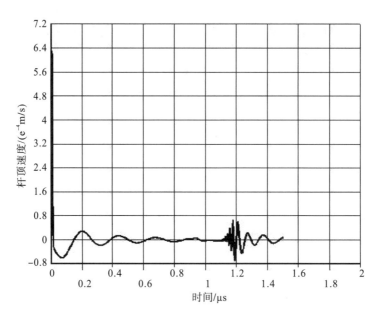

图 3.3   一维有限元法求解完整锚杆杆顶速度动力响应曲线

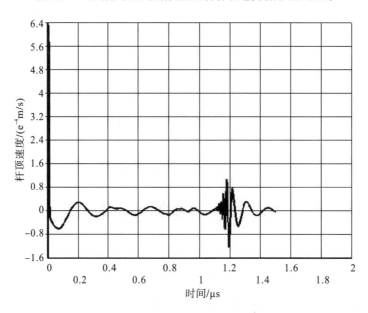

图 3.4   一维有限元法求解损伤锚杆杆顶速度动力响应曲线

3.2.2   与理论计算的对比分析

对于 3.2.1 小节中的例子，对应理论计算中的杆侧阻尼因子 $\alpha = 4.86$ ，杆侧刚度 $\beta = 248.72$ ，杆底阻尼因子 $\alpha_b = 0.044$ ， $\beta_b = 1.39$ ，图 3.5 是完整锚杆一维有限元法和理论方法分析结果的对比图，图 3.6 是对锚杆中部有损伤的理论分析和有限元分析对比结果，可以看出，这两种方法分析的结果是一致的，若进一步细化单元划分，结果会更理想，这进一步证明了第 2 章理论推导结果的正确性。(注：有限元分析结果数据已经归一化处理，

横坐标用时间因子 $\tilde{t} = t / T_c$）

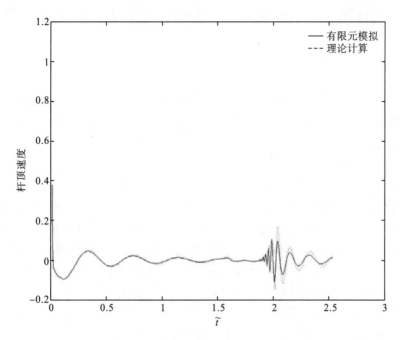

图 3.5　完整锚杆一维有限元法模拟与理论计算结果对比

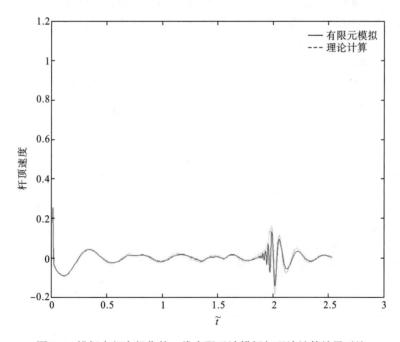

图 3.6　锚杆中部有损伤的一维有限元法模拟与理论计算结果对比

3.3　锚杆系统低应变动力响应的三维轴对称有限元模拟

3.3.1　输入参数的取值

在对结构系统进行动态响应分析过程中,都要碰到一个如何确定岩体的动态特性参数的问题。诸如动态弹性模量、泊松比、阻尼比以及黏性系数等参数的确定。目前,在有限单元法数值分析中,这些关键性参数的来源主要有两条途径:

(1)动态的实验室模型实验或现场实测,把实验模型的测试结果直接应用于真实环境中去。目前,这类方法应用较广的领域是土木、水工建设中结构的动态分析。包括如何使用共振柱体仪配合动三轴仪测动剪模量和阻尼比,以及直接从土坝的响应中分析土坝材料的动剪模量和阻尼因子的方法,还有将实验测得的动态弹性模量与静态弹性模量之间的关系建立了经验公式。但是,所有这一切,都隐含着一个条件,那就是测试条件与实际应用环境之间必须有一定的相似性(包括载荷的幅值,频谱和约束条件)。实验研究虽然是解决问题的一条有效途径,但应当看到它的缺陷在于:不同频谱、不同幅值的外激励条件下,其材料特性参数是不同的,测试结果只能适用于与实验频谱、幅值相近的环境中。同时,实验边界对这些特性参数有相当大的影响,也不能忽视。

(2)完全采用静态参数替代动态参数(指弹性模量、泊松比等),这种方法应用于岩土类材料会引起较大的误差,即使金属材料在高频激励下也存在类似的问题。

在本书中,参数的取值如下:

a)围岩变形模量的取值

考虑到是低应变动力响应,依据《公路隧道设计规范》(JTG D70—2004)表 A.0.4-1(现列于表 3.2),对于每类围岩,取有代表性的一组物理力学静态参数来替代动态参数,如表 3.3 所示。

表 3.2　各级围岩的物理力学指标标准值

围岩级别	重度 γ / (kN/m³)	弹性抗力系数 k / (MPa/m)	变形模量 E / GPa	泊松比 μ	内摩擦角 φ / (°)	黏聚力 c / MPa	计算摩擦角 φ_c / (°)
I	26~28	1800~2800	>33	<0.2	>60	>2.1	>78
II	25~27	1200~1800	20~33	0.2~0.25	50~60	1.5~2.1	70~78
III	23~25	500~1200	6~20	0.25~0.3	39~50	0.7~1.5	60~70
IV	20~23	200~500	1.3~6	0.3~0.35	27~39	0.2~0.7	50~60
V	17~20	100~200	1~2	0.35~0.45	20~27	0.05~0.2	40~50
VI	15~17	<100	<1	0.4~0.5	<20	<0.2	30~40

表 3.3　各类围岩物理力学参数取值

围岩类别	变形模量/(10^9 Pa)	围岩密度/(kg/m³)	泊松比
V	1	1700	0.45
IV	3.6	2100	0.32
III	13	2400	0.27
II	26	2600	0.23
I	43	2800	0.17

b) 阻尼系数的取值

关于锚杆系统的振型阻尼比的取值，可参照类似模型中桩基动力响应中的相关取值。土阻尼比是土动力学特性的首要参数，是土层地震反应分析中必备的动力参数，也是场地地震安全性评价中必不可少的内容。为了确定土的阻尼比，国内外许多学者进行了较广泛的研究，并取得了许多有价值的研究成果。国内的一些规程、规范和论文也给出了各类土的动模量和阻尼比与剪应变的推荐关系，但是，所提出的关系缺乏系统的分析和研究，从曲线形状到定量上有较大差别，有些差别颇大，而这种差别会对计算结果造成很大影响，有些甚至不可接受。《动力机器基础设计规范》中将桩基础的垂直振动阻尼比 D_z 统一规定为 0.20。然而王锡康等[27]认为此规定过于粗糙，他们将桩基础的动力模型简化为如图 3.7 所示，经理论计算与实验研究得出的结果如表 3.4 所示。动态分析中阻尼系数选取和确定是一个难点，本书只考虑刚度阻尼系数，按式(3.7)可知阻尼系数取决于频率 ω_i，在锚杆-围岩系统的动力响应分析中，由于在一个载荷步中只能有一个阻尼值，因此应当选取该载荷步中被激活的最主要频率 ω_i 来计算阻尼系数。这里取阻尼比 $\xi_i = 1.5\sim2.0$，被激活的主要频率 ω_i 在几百到几千千赫，故阻尼系数可在范围 $1\times10^{-6}\sim10\times10^{-6}$ 内取值。

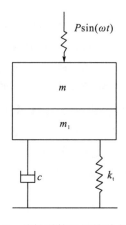

图 3.7　线性弹簧阻尼单质点模式

表 3.4   动力参数实测值与"动规"的比较

编号	基地面积 /m²	桩土质量/t		阻尼比	
		按"动规"	按本书	按"动规"	按本书
1	1.72	5.70	15.30	0.20	0.60
2	1.72	5.70	16.90	0.20	0.77
3	8.36	27.80	110.10	0.20	0.35
4	8.36	27.80	100.10	0.20	0.28
5	5.12	17.10	51.70	0.20	0.28
6	5.12	17.10	58.40	0.20	0.38
7	10.24	34.10	115.80	0.20	0.25
8	10.24	34.10	162.40	0.20	0.32
9	5.12	22.70	50.00	0.20	0.25

注："动规"指《动力机器基础设计规范》。

c）其他输入参数的取值

锚杆的钢筋直径取实际工程中常用锚杆钢筋的直径范围（20～30mm），水泥砂浆的范围可按照实际工程中灌浆孔径的大小选取：对于直径小于 25mm 的锚杆，取灌浆孔径为 40mm；对于直径大于等于 25mm 的锚杆，取灌浆孔径为 50mm。

3.3.2   锚杆-围岩结构系统模型的建立

锚杆-围岩结构体系的动力响应是锚杆、砂浆与围岩之间动力相互作用，三者的刚度是根据它们的本构关系或应力-应变定律加以确定的。一般说来，钢筋材料的强度较高，可假定它是线弹性的，严格地说，砂浆、围岩是非线性的，但在低应变法动力检测中所用激振能量小，砂浆、围岩处于弹性范围内。另外，在振动过程中钢筋、砂浆与围岩之间并未产生显著的滑动，可以认为变形是连续的，没有必要使用交界面单元。因此，为了简化计算，本书在分析中锚杆系统均采用线弹性本构模型，且假定界面间无相对滑动。另外，围岩是一种半无限介质，属于半无限域，在进行有限元分析过程中，必须引入人工边界，为了防止人为边界处应力波的反射并考虑围岩的阻尼作用，这里采用振型阻尼比来模拟围岩对散射波能量的吸收且假定围岩为均质岩土体。采用试算的办法，即在其他条件不变的情况下，取范围不同的围岩与砂浆锚杆一起建立有限元模型，计算锚杆顶部的速度响应曲线，取速度响应曲线基本无变化时围岩最小范围为模型中围岩的范围。经试算后，以锚杆中心线为轴，取杆侧围岩半径为5m，取锚杆底部以下围岩深1.5m，如图3.8所示。模型的具体信息如下：

（1）单元选择：对锚杆、砂浆、围岩的模拟均采用单元 Plane42。Plane42 是 2D 的实体模型，具有塑性、流变性、膨胀性、应力硬化性、大变形和大应变性，可用于平面应变、平面应力、轴对称模型。这种单元由 4 个节点定义，在每个节点具有两个方向的自由度，见图 3.9。

（2）网格划分：为了既节省机时又能准确地反映杆中波的传播，模型采用疏密网格形式，锚杆钢筋与砂浆区域内的网格划分较密，围岩区域内的网格划分从里到外逐渐由密到疏，同时在杆顶、杆底处细化网格，如图 3.10 所示。

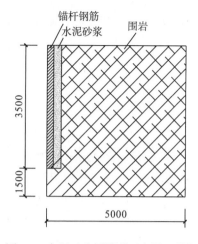

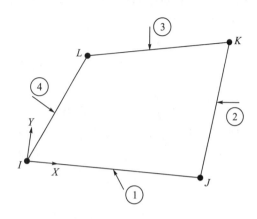

图 3.8　有限元分析模型示意图（单位：mm）　　　　图 3.9　Plane42 单元图示

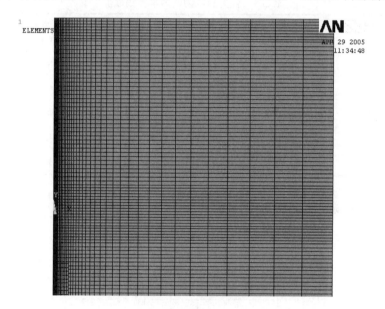

图 3.10　网格划分示意图

　　（3）约束情况：为了得到锚杆顶部的最大响应，在模型的底部边界与右边界上均施加 X、Y 两个方向的约束。而在模型的左边界上仅施加 X 方向的约束。

　　（4）本构模型：本书假设锚杆、砂浆与围岩均为线弹性材料，所有单元的应力应变关系符合胡克定律。

3.3.3　模型的求解

　　杆顶速度响应的求解：本模型共有 3680 个单元，3807 个节点，在杆顶节点施加瞬态荷载，荷载步和瞬态荷载的确定同一维有限元分析，采用完全法进行求解，得到杆顶位移时程曲线，再对时间求导得到杆顶速度响应曲线。

　　锚杆-围岩结构系统模态分析：模态分析用于确定结构的振动特性，即结构的固有频率和振型，通过对不同损伤锚杆系统的模态分析可以发现一些规律性的东西。本书采用阻尼法提取前 10 阶模态参数。

3.4 完整锚杆系统有限元分析结果

对锚杆系统有限元模型中所有钢筋单元取相同参数、所有砂浆单元取相同参数、所有围岩单元取相同参数，这样的模型为完整锚杆系统模型。取钢筋直径 22mm，弹性模量 $2\times10^{11}\text{Pa}$，密度 $7800\text{kg}/\text{m}^3$；砂浆模量 $2\times10^{10}\text{Pa}$，密度 $2200\text{kg}/\text{m}^3$；锚孔直径 40mm，阻尼系数取 2×10^{-6}。分别采用不同类别围岩参数(表 3.5)进行有限元分析，结果见图 3.11～图 3.15。

表 3.5 各类围岩物理力学参数取值

围岩类别	围岩变形模量 /(10^9Pa)	围岩密度 /(kg/m³)	泊松比	锚杆直径 /(10^{-3}m)	灌浆孔径 /(10^{-3}m)	阻尼系数 /10^{-6}
V	1	1700	0.45	22	40	2
IV	6	2300	0.3	22	40	2
III	13	2400	0.27	22	40	2
II	26	2600	0.23	22	40	2
I	53	2800	0.15	22	40	2

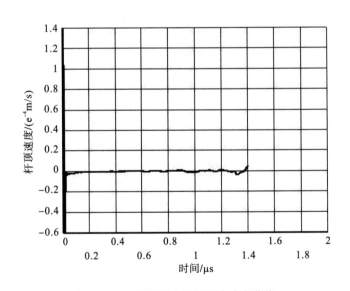

图 3.11 V类围岩中锚杆速度响应曲线

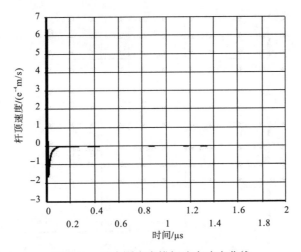

图 3.12　Ⅳ类围岩中锚杆速度响应曲线

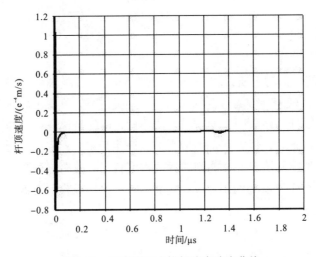

图 3.13　Ⅲ类围岩中锚杆速度响应曲线

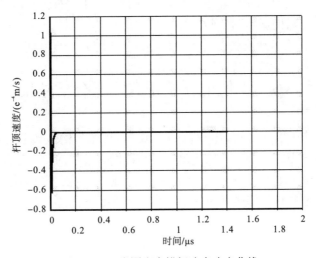

图 3.14　Ⅱ类围岩中锚杆速度响应曲线

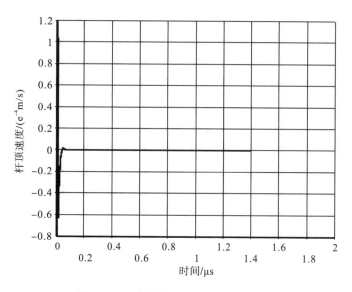

图 3.15　Ⅰ类围岩中锚杆速度响应曲线

根据图 3.11～图 3.15 分析可知：

(1)杆底反射信号：对于质量较好、较为坚硬的Ⅰ、Ⅱ类围岩，锚杆杆底反射信号较不明显；而对于质量较差、较为软弱的Ⅲ、Ⅳ、Ⅴ类围岩，杆底反射信号较清晰。这是由于，在锚杆底部，锚杆与砂浆围岩的材料性质不同，也就是说在锚杆与围岩的接触面上波阻抗发生了突变，因此，在锚杆底部的应力波会产生反射。然而，应力波在锚杆内传播的过程中，在Ⅰ、Ⅱ类围岩情况下波能量的耗散程度较大，故而这种情况下锚杆杆底反射信号不明显；反之，对于较软弱的Ⅲ、Ⅳ、Ⅴ类围岩，它们吸收反射波能量的能力较小，所以杆底反射较为清晰。

(2)杆底反射时间：应力波在锚杆中传播的速度为 $C = \sqrt{E/\rho}$，反射波到达锚杆顶端的时间基本为 $2T$，$T = L/C$，即 1.3×10^{-6}s 左右。其中，C 为波速；E 为钢筋的弹性模量；ρ 为钢筋密度；L 为锚杆杆长。利用这一性质可测得工程中锚杆的实际长度。

(3)衰减特性：因杆侧砂浆和围岩阻尼的影响，应力波沿锚杆传播时信号将发生衰减。对于Ⅰ、Ⅱ类围岩，衰减速度快；对于Ⅲ、Ⅳ、Ⅴ类围岩，衰减速度较慢。

3.5　损伤锚杆系统有限元分析结果

对于有损伤的锚固系统，可以分别简化为锚杆筋材的裂纹、砂浆与锚杆黏结不够好或围岩与砂浆黏结不牢这三种情况。由于这三种情况同时发生的可能性几乎没有，故不予考虑；其中两两组合的可能性也很小，因此为了简便起见，只是考虑其中单独一项的损伤。此时可以用 ANSYS 软件的"生死单元法"模拟，也可以通过改变单元的材料属性来模拟损伤。

筋材、砂浆、围岩的刚度是根据它们的本构关系即应力-应变关系加以确定的。一般说来，筋材的强度通常要比其四周砂浆的强度高，因此，发生破坏往往都是由于砂浆的破坏引起，极少有锚杆筋材被拉裂的情况。考虑实际工程中锚固系统的破坏绝大部分是由于砂浆与锚杆、砂浆与围岩黏结不牢或者砂浆没有灌满，极少情况是筋材的断裂。本书重点模拟砂浆与筋材裹握不好的情况，即砂浆局部不饱满或有较大孔洞的情况，同时对锚杆筋材的损伤也进行简单的模拟。

对损伤部分，有限元模拟方法既可以采用"生死单元法"，也可以通过改变失效砂浆的材料属性的方式。"生死单元法"指在分析过程中模型中的某些单元可以变得存在或者消亡，通常模拟采矿、隧道开挖支护、桥梁施工等动态变化[28]，由于是采用非线性分析方法，花费的代价较高，要花费相当长的计算时间。而改变材料属性是线性分析方法，运算速度较快，同时还可模拟失效程度不同的砂浆。故本书采用的是改变失效砂浆(单元)材料属性的办法，仍然采用线弹性，只是改变失效砂浆的弹性模量、泊松比、密度等。

(1)在锚杆筋材中部有裂纹存在时，其杆顶速度时间历程曲线如图 3.16 所示。

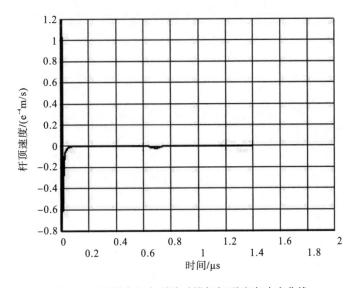

图 3.16　筋材中部有裂缝时锚杆杆顶速度响应曲线

可见在筋材损伤处反射波较明显，所以对于筋材的损伤可用常规的方法来判别。

(2)当锚杆锚固有损伤时，假定从杆底以上 1m 范围内锚固砂浆很稀松，改变这范围内单元的材料参数，具体材料力学特性参数见表 3.6。

表 3.6　损伤锚杆系统力学特性参数

	弹性模量/(N/m²)	泊松比	密度/(kg/m³)	阻尼
筋材	2×10^{11}	0.3	7800	2×10^{-6}
围岩	13×10^{9}	0.27	2400	2×10^{-6}
砂浆	2×10^{-10}	0.20	2200	2×10^{-6}
损伤处砂浆	20	0.4	100	0

用有限元计算所得的速度时间历程曲线如图 3.17 所示。

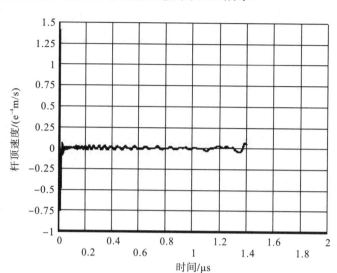

图 3.17　砂浆损伤锚杆杆顶速度响应曲线

可见由于砂浆的局部不饱满，使得杆顶动力响应曲线波动频率增加，淹没了损伤处的反射波，但杆底反射波还比较明显。

第4章 锚杆-围岩结构系统低应变动力参数的识别研究

锚杆-围岩结构低应变动力参数是指锚固介质和围岩对锚杆体低应变动力响应时的动刚度和阻尼,是锚杆-围岩结构系统的模型参数,它是表征锚固质量的重要指标,在锚杆-围岩结构系统低应变动力响应分析中,将锚固介质与围岩对锚杆杆体的作用简化为沿杆长分布的各段动刚度、动阻尼和均匀分布在锚杆底截面的动刚度、阻尼。在锚杆受到瞬态纵向激振时的动力响应模型中,锚杆-围岩结构系统的动力参数取代了锚固介质与围岩对锚杆的影响,即锚固介质与围岩的物理力学性质与动力参数有着直接的相关性,这些动力参数同锚杆的几何参数与振动频率等共同成为表征锚杆锚固质量的重要参数。对锚杆-围岩结构系统的动力参数进行识别,建立锚固介质、围岩对锚杆杆体的综合作用与动力参数的映射关系,是锚杆锚固系统动力响应问题从振动理论模型到实际工程应用的一座桥梁。同时在锚杆的长期服役过程中,被锚杆加固的围岩或锚固砂浆由于受到自然或人为的扰动而产生物理力学性状的改变,而对锚杆结构系统动力参数识别可以实时地反映这些变化。因此,通过对锚杆-围岩结构系统动力参数的识别研究,可以使锚杆锚固系统无损检测技术对锚杆系统的各个组成部分(不但包括锚杆杆体与锚固介质,而且包括被锚杆加固的围岩)都具有健康检测的能力。因此锚杆系统参数的识别技术,不仅使得锚杆-围岩结构系统的动力响应理论分析具有实际意义,而且也是锚杆锚固系统无损探伤技术的关键。

4.1 锚杆系统参数的研究背景

锚固介质及围岩对锚杆作用的刚度和阻尼都很复杂,刘海峰等[29]仅提供了一种力学模型的边界条件;王建宇等在研究锚杆内力分布的不均匀性时,用一系列独立作用的"切向弹簧"来描述锚杆杆体(锚杆和灌浆体的复合体)同围岩之间的相互关系,并列出了各种岩层对应"切向弹簧"的刚度——切向刚度系数 k_r [30],见表 4.1,具有一定的实际参考价值。但是,由于这种切向刚度系数是用于静力分析的,所以并不能与锚杆-围岩的动力参数等价。此外,重庆大学的许明等基于锚杆的一维振动理论,根据锚杆低应变振动的动力响应曲线,采用对数衰减法与最小二乘法对锚杆周围地层的黏滞阻尼系数 β 进行了反演,具有一定的理论价值。

表 4.1   建议的切向刚度系数 k_r

岩土的种类	$k_r/(2\pi r_b)/(\text{kPa/cm})$	岩土的种类	$k_r/(2\pi r_b)/(\text{kPa/cm})$
硬岩	5000~10000	洪积层岩	400~700
软岩	1500~3000	砂砾	400~700
风化岩	1000~2000	洪积层黏土	400~1000
泥岩	1500~2500	冲积层砂	50~200

在前几章中，把桩基动测领域中应用较为成熟的弹簧-阻尼壶模型引入锚杆系统的研究中[31]，为锚杆无损检测理论的研究开辟了新的途径，同时为锚杆围岩系统的参数识别研究奠定了基础。所谓锚杆-围岩系统的动力参数，是指在基于一维波动理论的锚杆-围岩系统低应变动力响应的分析中，将锚固介质与围岩对锚杆的作用简化为一组弹簧与阻尼壶，在围岩阻力作用下，应力波在向锚杆杆底传播的过程中又不断反射至杆顶。当围岩的力学性状发生变化，或弹簧刚度与阻尼壶阻尼系数取值不同时，锚杆侧反射波质点速度的相位、大小也会有相应的变化。所以弹簧的刚度系数 k 与阻尼壶的阻尼系数 η 是锚杆-围岩系统低应变动力响应分析中控制方程的主要参数，具有重要的理论与实际意义。

4.2   系统参数辨识问题的研究方法

激励(或称输入)、结构、响应(或称输出)构成一个完整的系统。根据观测与先验知识建立动态系统模型的过程称为辨识(identification)。也就是反问题的研究，按对系统的了解程度，反问题可分为系统辨识和参数辨识两类。

(1)系统辨识是指通过量测得到系统的输出和输入数据来确定描述这个系统的数学方程，即模型结构。为了得到这个模型，我们可以用各种输入来试探该系统并观测其响应(输出)。然后对输入-输出数据进行处理来得到模型。基于对系统先验信息的了解程度，可以把系统辨识问题分为两类："黑箱问题"与"灰箱问题"。"灰箱问题"又叫不完全辨识问题，在这类问题中，系统的某些基本特性为已知，许多工程上的辨识问题属于"灰箱问题"，这样，系统辨识问题就简化为模型鉴别和参数辨识问题了，参数辨识是系统辨识中最重要也是研究得最成熟的部分。

(2)参数辨识指在模型结构已知的情况下，根据能够量测出来的输入和输出，来决定模型中的某些或全部参数，如图 4.1 所示。由于量测总含有误差，故求出的参数值只是真实参数的估计值，利用概率统计的知识来辨识参数就是参数估计问题，所以在很多文献中把参数辨识称为参数估计。

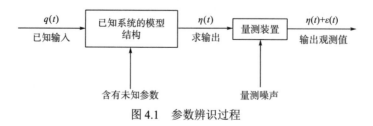

图 4.1   参数辨识过程

参数辨识具有多种方法，根据不同的准则函数可得出一系列参数辨识法，例如，以第一类准则函数为基础的最小二乘法、加权最小二乘法，以第二类准则函数为基础的最小方差法、极大似然法、贝叶斯法等。以第一类准则函数为基础的各种参数辨识方法统称为确定性方法，以第二类准则函数为基础的各种参数辨识方法统称为随机性方法。根据辨识的方式可分为离线辨识和在线辨识，所谓离线辨识是在全部量测数据的基础上求解模型参数；而在线辨识是指收集到新的量测值以后，就在前一次参数估计值的基础上立刻进行递推计算，尽快地给出新的估计值，如序贯最小二乘法等。在岩土工程反问题研究中，参数辨识方法的研究一直是重点和热点问题，因为参数辨识的可靠性及辨识效率与辨识方法密切相关。目前常用的参数识别方法有：

(1) 逆解法，又称逆法，是指能把模型输出表示成待求参数的显函数，由模型输出的量测值，利用这个函数关系反求出待求参数。

(2) 直接法，又称正法，是把参数反演问题转化为一个目标函数的寻优问题，直接利用正分析的过程和格式，通过迭代最小误差函数，逐次修正未知参数的试算值，直至获得“最佳值”。所以直接法也称直接逼近法，或优化反演法。

(3) 图谱法。该法以预先通过有限元计算得到的对应于各种不同弹性模量和初始应力与位移的关系曲线，建立简便的图谱和图表。根据相似原理，由现场量测位移通过图谱和图表的图解反推出反演参数。

(4) 智能反演法。传统反演方法存在结果依赖于初值的选取，难以进行多参数优化及优化结果，易陷入局部极值等。近年来，一种源于自然进化的全局搜索优化算法——遗传算法和具有模拟人类大脑部分形象思维能力的人工神经网络方法，以其良好的性能引起了人们的重视，并被引入岩土工程研究中。

锚杆-围岩结构低应变动力参数是指锚固介质和围岩对锚杆体低应变振动时的动刚度和阻尼，是锚杆-围岩结构系统的模型参数，它是表征锚固质量的重要指标，通过锚杆沿杆长分布的动力参数识别，可诊断锚杆结构系统的锚固质量和损伤程度，并对锚杆锚固质量进行定量评价。所以这些动力参数的识别是锚杆无损探伤技术的关键。参数识别实际上是一个反演问题，即在一定的理论模型框架基础上，根据观测数据来推断理论模型中的若干参数。由第 2 章可知，锚杆结构动力参数与动力响应观测数据之间构成非线性的关系，采用逆解法需对非线性方程进行线性化处理后进行线性反演迭代计算，在对非线性的数据与模型的理论关系式进行处理时都涉及偏导数的计算，即求数据参数对模型参数的偏导数矩阵，所涉及的计算量往往非常大。而用直接法进行识别时由于待定参数的数目较多并需给出待定参数的分布范围，计算工作量大，解的稳定性差，而且费时、费工，收敛速度缓慢。为了验证参数识别方法的可行性和识别结果的可信性，首先在实验室对锚杆模型进行低应变动力测试，然后在理论计算、数值模拟及实验测试等信号数据基础上，研究利用人工智能中的遗传算法来进行锚杆-围岩结构低应变动力参数的识别。

4.3 锚杆结构系统低应变动力响应模拟实验

4.3.1 锚杆模型的制作

在外径 D200mm 的 PVC 管内用水泥砂浆灌注钢筋，模拟全长锚固锚杆，水泥砂浆配比为：水泥：细砂=1：2，作为锚固剂，水灰比为 1：0.5。锚杆杆体采用 Ⅱ 级精轧螺纹钢，直径 28mm，长 3m，为了方便地安装传感器，在锚杆端头预留长度为 10cm 的自由段。共制作三个试件，试件一为完整锚杆，试件二有一个缺陷，试件三为有两个缺陷的锚杆试件（图 4.2）。图 4.3 是实验室锚杆模型实际照片。

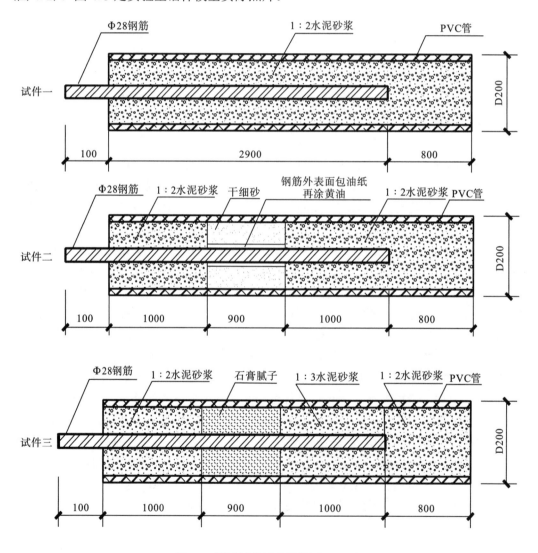

图 4.2　测试试件示意图(单位：mm)

图 4.3　实验室锚杆模型

4.3.2　测试系统及测试设备

　　利用锚杆杆顶低应变动力响应来检测锚固质量的过程中，被检测的物理量一般为杆顶位移、速度、加速度等，诸物理量的动态特征参数(频率、相位、幅值、频谱和相差)则是测试过程中最受关注的。要精确地检测出诸参数，并对它们进行有效的应用，则需要配备合理的分析手段和程序软件及适当的硬件设置，图 4.4 为测试系统框图。

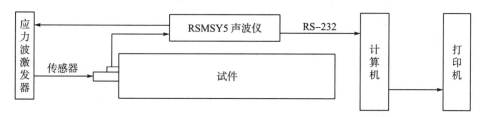

图 4.4　测试系统框图

　　测试系统采用联机实时测试分析系统，首先将被检测信号直接由 RSMSY5 声波仪接收，经 RS-232 接口实时传入电脑，然后通过声波检测程序进行计算处理，再将结果绘制和打印出来。实验采用两种方式进行：一是用小锤敲击的方式激发应力波，用加速度传感器接收信号；二是用超声波发射传感器激发应力波，用超声波接收传感器接收信号。信号的接收及超声波发射传感器的激发由中国科学院武汉岩土力学研究所研制的 RSMSY5 型非金属声波检测仪完成，测试系统的仪器配置如表 4.2 所示，实验测试系统照片如图 4.5 所示，图 4.6 为声波检测程序界面。

表 4.2　仪器配置表

	设备名称	型号	性能、设置
第一种方式	小捶		1.5kg
	加速度计	SY-1	电荷灵敏度 1840pC/g
	声波检测仪	RSMSY5	触发：EXT；阈值：160mV；低通：20kHz；高通：0.1 kHz；延迟：-20μs；增益：自动；采样：20μs；记录：1024
第二种方式	超声波发射探头		
	超声波接受探头		
	声波检测仪	RSMSY5	触发：INT；阈值：40mV；低通：20kHz；高通：0.1 kHz；延迟：-20μs；增益：自动；采样：1μs；记录：2048；脉冲：10μs

声波仪及电脑系统　　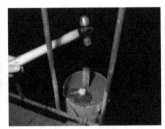第一种激发方式　　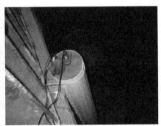第二激发方式

图 4.5　测试系统照片

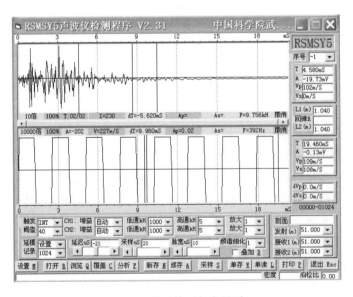

图 4.6　声波检测程序界面

4.3.3　测试中应注意的问题

1. 传感器的安装

传感器与锚杆的耦合是非常重要的。若安装方式不慎，将会引起寄生振动，黏结状态不好，将会降低传感器的安装谐振频率，严重的情况还制约加速度传感器或超声波探头的有效使用频率，使测试失败。根据模拟实验得知，使用黄油或橡皮泥进行耦合效果较好。

2. 首脉冲的冲击

首脉冲的好坏对锚杆锚固质量的评判有着直接的影响。理想的首脉冲应为半正弦波，且无反冲现象。要获得这一理想的首脉冲，可以从以下几个方面着手：一是传感器的安装位置一定要适合，以获得最小反冲甚至无反冲；二是传感器的耦合质量一定要高，不能降低其工作频率；三是敲击时落锤要落到实处，动作干脆利落，以尽量使首脉冲狭窄且符合半正弦规律。对于用超声波发射探头产生首脉冲时，应用钢锉把锚杆头部打磨平整，用橡皮泥把探头耦合在锚杆头，传感器的轴线应与锚杆轴的纵轴线平行，这样可以克服入射波与反射波之间产生的相位差，避免二维效应的产生。

3. 测试仪器参数的选择

当对测试信号进行处理时，需进行频率分析，即要进行快速傅里叶变换。而进行频域分析必须考虑到可能出现的混淆现象。如果设响应信号中具有的最高频率为 f_{max}，根据采样定理，即采样频率 f_c 应为信号频率 f_{max} 的两倍以上，才能反映该振动的频率。f_c 叫 Nyquist 频率，利用该定理，即可确定原信号的频率结构。

4.3.4　模型实验测试结果

1. 小锤锤击方式

用小锤敲击的方式来激发瞬态应力波，在现场测试环境较恶劣的情况下要方便得多，但这种激发方式随机性较大，同一锚杆的两次测试的时域曲线结果不一定一致。实验结果见图 4.7，从三个试件的测试结果可看出，完整锚杆和不同损伤锚杆的时域曲线和频谱曲线是有很大差别的，由于锤击脉冲宽度较宽，而纵向应力波在钢筋中的传播速度很高，加上锚杆顶部自由端弯曲振动等因素的影响，所以杆底及损伤反射信号已完全被淹没，但这些曲线包含着丰富的锚固质量信息。若锤击所得信号能反映整个锚固系统的振动特性，则此信号是可以用来检测锚固质量的，这就需要利用现代信号分析技术来分析。

2. 超声波探头激发方式

为了便于进行理论与实验结果的分析比较，采用超声波激发的方式，并锯掉锚杆顶部的自由端，以避免锚杆头的不利影响。声波仪在发射传感器施压一个电压，通过突然放电的方式导致压电元件的几何尺寸发生改变发射声波，实验采用 1000V 的高压发射声波，以便能获得较大的声波能量，发射脉宽设定为 $10\mu s$。

图 4.8 为测试结果。由杆顶速度响应曲线可以看出，采用超声波进行测试，首脉冲和杆底反射较明显，损伤锚杆与完整锚杆的响应曲线有明显的差异，但损伤处的反射波也不容易判断。从频谱曲线来看，完整锚杆的反射波能量主要集中在一阶主频附近，而损伤锚杆的反射波能量分布在较宽的频带上，且有多阶主频激发出来。

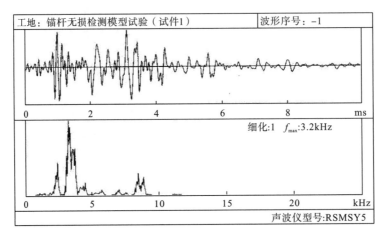

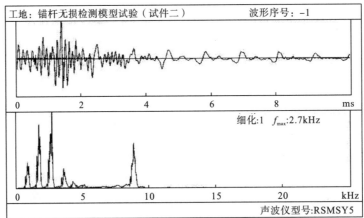

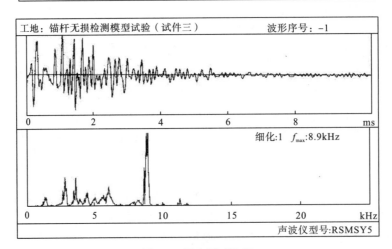

图 4.7   锤击测试结果

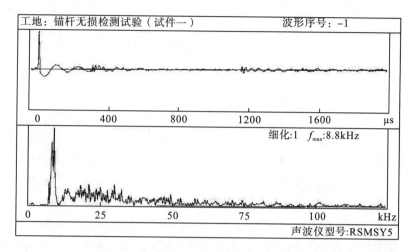

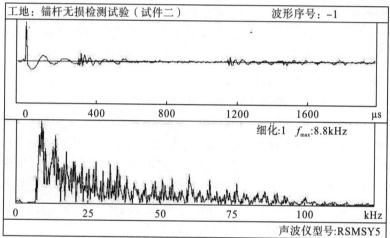

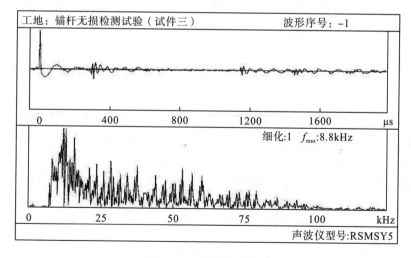

图 4.8　超声波测试结果

4.4　遗传算法的基本原理

　　遗传算法是模拟达尔文的遗传选择和自然淘汰的生物进化过程的计算模型。它的思想源于生物遗传学和适者生存的自然规律，是具有"生存+检测"的迭代过程的搜索算法。首先从一组随机产生的称为"种群"(population)的初始解开始搜索，种群中的每个个体是问题的一个解，称为"染色体"(chromosome)。染色体是一串符号，比如一个二进制字符串。这些染色体在后续迭代中不断进化，称为遗传。在每一代中用"适应值"(fitness)来测量染色体的好坏，生成的下一代染色体称为后代(offspring)。后代是由前一代染色体通过选择、交叉(crossover)或者变异(mutation)等遗传操作形成的。在新一代的形成过程中，根据适应度的大小选择部分后代，淘汰部分后代，从而保持种群大小是常数。适应值高的染色体被选中的概率较高。这样经过若干代之后，算法收敛于较好的染色体，它很可能就是问题的最优解。遗传算法中的 4 个基本要素构成了遗传算法的核心内容：

　　(1)参数编码，就是将问题变量通过一定的变换映射到染色体基因上面；

　　(2)初始群体的设定，使其具有足够的规模和随机性；

　　(3)适应度函数的设计，根据适应度值决定其选择概率；

　　(4)遗传操作，适应度大的选择概率大，选择之后应对部分染色体进行变化，这样可以避免算法过早收敛，变异之后的群体就是子代，它将作为下一代群体的父代进行同样的遗传操作，如此循环。遗传算法综合了定向搜索与随机搜索的优点，可以取得较好的区域搜索与空间扩展的平衡。遗传算法通过保持一个潜在解的群体进行多方向的搜索，这种群体对群体的搜索有能力跳出局部最优解。群体进行的是进化的模拟，每代中相对较好的解可以得到繁殖的机会，而相对较差的解只有消亡。

　　遗传算法具有良好的全局和局部搜索能力，在解决大空间、多峰值、非线性、全局优化等高复杂度问题时显示了独特的优势，其精度不亚于一般以精巧见长的传统算法。

4.5　锚杆-围岩结构系统动力参数反演的遗传算法设计

　　锚杆-围岩结构动力参数反演的遗传算法设计思路(图 4.9)：利用遗传算法的自适应性，对于已知的锚杆杆顶动力响应信号，在一定范围内随机选取若干组动力参数(对于完整锚杆，选取杆侧、杆底阻尼因子和刚度因子 α、β 与 α_b、β_b；对于已知损伤位置的锚杆系统，选取各段杆侧阻尼因子、刚度因子 α_i、β_i 和杆侧阻尼因子、刚度因子 α_b、β_b 作为初始解，进行杆顶动力响应分析计算，得到这些动力参数因子所对应的锚杆速度动力响应函数 $s'(i)$，并与已知的锚杆速度动力响应信号 $s(i)$ 作对比，进行分析比较，优选出适应值较大的动力参数作为父代。对父代进行交叉和变异等一系列遗传算法的操作，又得到若干组动力参数作为子代，再进行上述数值计算，并对适应度函数进行判别，如此循环反复，当适应度函数最趋近于最大值时，便可得到计算结果与原始信号最为接近的一组动力参数，即最优解。

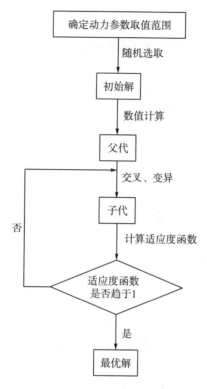

图 4.9 遗传算法的反演过程

遗传算法的设计主要是确定适应度函数、遗传操作方法及终止准则。可做如下的设计：

(1)确定解空间的范围。锚杆的动力参数包括杆侧刚度与阻尼因子、杆底刚度与阻尼因子。它们取决于砂浆和围岩的力学性质，并随锚杆设计参数的不同而不同。因此可根据不同类别的围岩、不同标号的砂浆以及不同的锚杆设计参数对动力参数的取值范围进行估计。在实际操作中，采用试算的办法，即扩大取值范围而动力参数的反演结果基本不变时，取最小的范围为解空间的范围。本书中砂浆、围岩以及锚杆的力学参数确定动力参数因子的取值范围为：①杆侧阻尼因子：1～100；②杆底阻尼因子：0.5～3；③杆侧刚度因子：100～500；④杆底刚度因子：500～2000。

(2)对种群进行随机初始化，种群规模为20～30。

(3)适应度函数 $F_n = \dfrac{1}{1+\sqrt{Y}}$，$Y = \sum_i \left| s'(i) - s(i) \right|^2$。当适应度函数趋近于 1 时，且最优子代的适应度值逐渐趋近于平均值时，计算结果接近于实测结果。

(4)确定遗传操作方法，本问题采用排序选择，分别用算术交叉、启发式交叉、单点交叉等交叉算子进行交叉操作，再采用非均匀变异操作产生下一代。

(5)确定终止准则。终止准则是判断程序是否停止的依据，一般可取最大迭代数(即子代数)100～300。本书采用试算的办法，取反演结果基本不变时的最优子代数为迭代次数，这里取 200。

程序实现利用 MATLAB 的遗传算法工具箱——GOAT，首先建立适应度函数 fineval,

再输入 4 个动力参数因子的取值范围，应用 intializega 函数进行种群初始化，用 ga 函数作遗传算法的计算，在 ga 函数中选用 normGeomSelect(基于正常几何分布的顺序选择)函数作选择操作，用 arithXover(算术交叉)、heuristicXover(启发式交叉)、simpleXover(单点交叉）的函数作交叉操作，用 multi-NonUnifMutation(高斯非均匀变异)、nonUnifMutation(一般非均匀变异)作变异操作，最后用 MaxGenTerm(最大子代数)作为程序中止准则。

　　为了验证反演方法的可行性，下面分别以理论计算曲线、实验测试信号及有限元分析曲线作为已知信号对完整锚杆和损伤锚杆进行参数的遗传算法反演识别。

4.6　基于理论曲线的参数反演结果

4.6.1　完整锚杆反演结果

　　设一锚杆长 3m，钢筋密度 $\rho_0 = 7800\text{kg/m}^3$，弹性模量 $E = 2\times10^{11}\text{Pa}$，采样数 $N = 1400$，采样间隔 $\mathrm{d}t = 10^{-6}\text{s}$，瞬态力脉冲宽度 $T = 10^{-5}\text{s}$，给定一组杆测、杆底阻尼及刚度因子，见表 4.3，根据第 2 章相关内容进行理论计算，其杆顶速度理论响应曲线见图 4.10。以此理论计算结果作为已知信号，利用遗传算法进行反演，结果见表 4.3，每一代的适应度值最大值及平均值变化曲线见图 4.11。

表 4.3　完整锚杆原始参数和反演结果

	杆侧阻尼因子	杆底阻尼因子	杆侧刚度因子	杆底刚度因子	适应度值
原始参数	4.71	0.12	307	8.262	—
反演结果	4.7039	0.0703	306.9951	9.7806	0. 999

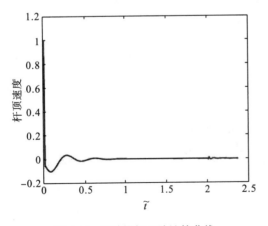

图 4.10　完整锚杆理论计算曲线

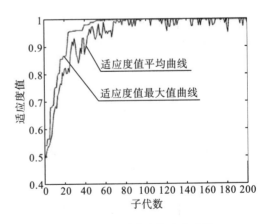

图 4.11　适应度值变化曲线

表 4.4　最后 10 个较优解的比较表

代数	杆侧阻尼因子	杆底阻尼因子	杆侧刚度因子	杆底刚度因子	适应度值
98	4.7037	0.0699	307.0010	5.0212	0.9995
100	4.7037	0.0703	307.0065	3.1435	0.9995
102	4.7037	0.0703	307.0064	3.1435	0.9995
103	4.7037	0.0703	307.0010	5.0058	0.9995
105	4.7037	0.0703	307.0010	5.0058	0.9995
108	4.7038	0.0703	307.0017	5.0058	0.9995
111	4.7039	0.0703	307.0016	5.0058	0.9995
134	4.7039	0.0703	306.9996	5.3238	0.9995
180	4.7039	0.0703	306.9966	7.4226	0.9995
200	4.7039	0.0703	306.9951	9.7806	0.9995

从反演结果和适应度值变化曲线来看,完整锚杆的反演结果比较令人满意,收敛较快,但是对最后十个较优代的数据进行分析(表 4.4),可以看出杆侧的反演参数比较稳定和准确,而杆底的反演参数则比较发散,这主要是由于杆底的反射信号较弱,所以该反演方法用于反演杆侧动力参数是准确可行的。

4.6.2　损伤锚杆反演结果

对于有一个损伤的锚杆,在离杆顶 2~3m 处有损伤;对于有两个损伤的锚杆,在 1~2m 及 2~3m 处有不同程度的损伤。各段原始的动力参数因子见表 4.5、表 4.6,其他计算参数同 4.6.1 节。原始理论曲线见图 4.12、图 4.13,分别进行遗传算法反演分析,结果见表 4.5、表 4.6,适应度值变化曲线见图 4.14、图 4.15。

表 4.5　有一个损伤锚杆反演的原始参数和反演结果

	原始参数	反演参数
锚杆第 1 段侧阻尼因子赋值	1	1.0014
锚杆第 2 段侧阻尼因子赋值	4	3.9756
锚杆第 1 段侧刚度因子赋值	100	100.0026
锚杆第 2 段侧刚度因子赋值	300	299.8417
锚杆底阻尼因子赋值	1	0.1267
锚杆底刚度因子赋值	10	7.0274
适应度值	—	0. 9523

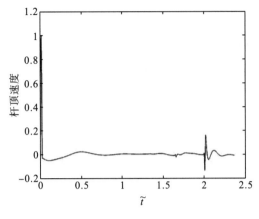

图 4.12 有一个缺陷整锚杆理论计算曲线图经

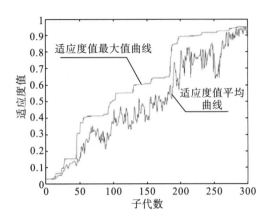

4.13 适应度值变化曲线

表 4.6 有两个损伤锚杆反演的原始参数和反演结果

	原始参数	反演参数
锚杆第 1 段侧阻尼因子赋值	1	0.9994
锚杆第 2 段侧阻尼因子赋值	4	3.3761
锚杆第 3 段侧阻尼因子赋值	2	2.6390
锚杆第 1 段侧刚度因子赋值	100	99.9222
锚杆第 2 段侧刚度因子赋值	300	295.2624
锚杆第 3 段侧刚度因子赋值	200	203.0044
锚杆底阻尼因子赋值	1	4.3033
锚杆底刚度因子赋值	10	33.6753
适应度值	—	0.6161

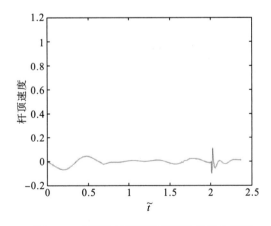

图 4.14 有两个缺陷整锚杆理论计算曲线图

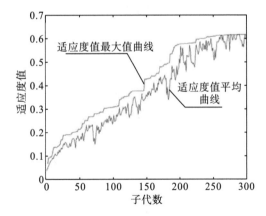

4.15 适应度值变化曲线

　　由以上分析结果可以看出,对于损伤锚杆系统,所反演的杆侧动力参数与所设定的相符,而杆底的动力参数却与设定的相差较大,这仍然与杆底反射信号较弱有关。经过多次数值实验，发现当锚杆损伤较少时，其反演结果精度较高，但随着损伤数量的增多，精度有减小的趋势，同时反演过程中还存在收敛速度慢等问题。

综上所述，利用遗传算法可以解决锚杆结构系统杆侧动力参数的识别问题。此方法有原理简单、计算结果可靠等特点。但对于损伤锚杆动力参数的反演，由于仍然存在精度低、运行时间长等问题，还不能达到使用的目的。

4.7　基于实验结果的参数反演

根据 4.3 节超声波激发所得到的三个试件的速度响应曲线数据，进行遗传算法的反演，锚杆长 2.9m，钢筋密度 $\rho_0 = 7800\text{kg/m}^3$，弹性模量 $E = 2\times10^{11}\text{Pa}$，采样间隔 $dt = 10^{-6}\text{s}$，瞬态力脉冲宽度 $T = 10^{-5}\text{s}$。图 4.16、图 4.18、图 4.20 是试件一、试件二和试件三的实验曲线与反演曲线的比较图，图 4.17、图 4.19、图 4.21 分别为对应的适应度曲线，表 4.7 为反演得到的参数。

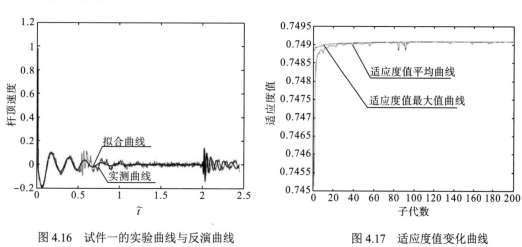

图 4.16　试件一的实验曲线与反演曲线　　　　图 4.17　适应度值变化曲线

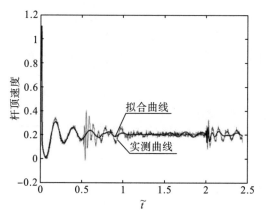

图 4.18　试件二的实验曲线与反演曲线

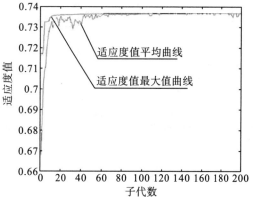

图 4.19　适应度值变化曲线

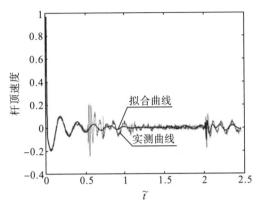

图 4.20　试件三的实验曲线与反演曲线

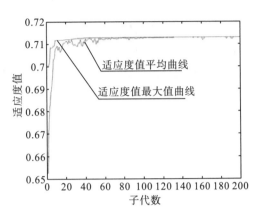

图 4.21　适应度值变化曲线

表 4.7　基于实验数据的反演结果

		杆侧阻尼因子	杆侧刚度因子	杆底阻尼因子	杆底刚度因子	最大适应度值
试件一		0.9999	873.9832	0.0002	9.9961	0.7495
试件二	第 1 段	1.0943	869.3516			
	第 2 段	0.0921	6.9791	0.0004	2.3301	0.7368
	第 3 段	1.0950	850.0272			
试件三	第 1 段	1.0888	847.0600			
	第 2 段	0.0980	20.4089	0.0004	2.2127	0.7130
	第 3 段	0.7028	321.1114			

考虑信号随机噪声的因素,基于三个试件动测信号反演所得的拟合曲线与实测曲线是比较一致的,从每一代参数因子的适应度最大值及平均值变化可以看出,采用遗传算法,其收敛情况也比较好,反演结果是可信的。

在实验室模型测试中,试件二和试件三为损伤锚杆,且损伤程度不同,从反演所得参数可以看出杆侧动力参数的变化很好地反映了损伤的变化,见表 4.8。由表看出,随着筋材周围介质黏结强度的减小,杆侧动力因子相应减小。当筋材周围基本没有介质作用时(外包油纸涂黄油+干细砂),动力因子接近于 0。

表 4.8　不同情况下的反演参数比较表

筋材周围情况	杆侧阻尼因子	杆侧刚度因子
1∶2 水泥砂浆	1.0695(平均值)	860.1055(平均值)
1∶3 水泥砂浆	0.7028	321.1114
石膏	0.0980	20.4089
外包油纸涂黄油+干细纱	0.0921	6.9791

4.8　基于有限元数值分析结果的参数反演

对于完整锚杆和损伤锚杆系统的轴对称有限元数值分析结果（见第 3 章图 3.12、图 3.17），对应反演结果和拟合曲线见图 4.22。（注：有限元分析结果数据已经归一化处理，横坐标用时间因子 $\tilde{t} = t / T_{c}$）

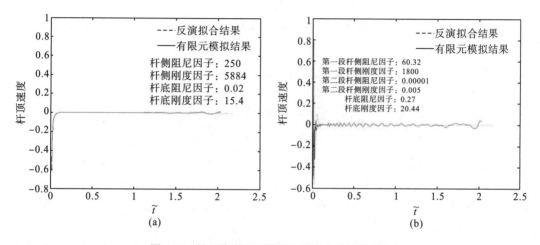

图 4.22　轴对称有限元模拟与反演分析结果对比

由图 4.22 看出，基于有限元分析结果的参数反演拟合曲线与有限元分析结果基本一致，对于完整锚杆拟合较好，而对于损伤锚杆反演结果并不理想，这主要是因为有限元分析中存在的计算误差以及遗传算法对于损伤锚杆参数反演所存在的精度低的问题，但反演结果仍能反映损伤的程度，有关损伤锚杆的反演算法还需作进一步地研究。

第5章 锚杆-围岩结构系统动力响应信号处理技术

动测信号的处理是进行智能探伤及诊断的基础，本章首先采用传统信号处理方法，对锚杆系统低应变动测信号进行采集、预处理及功率谱分析，然后用现代的信号处理技术对信号进行时频分析，得到更具体、更精确的信号特征[32]。

5.1 锚杆系统动测信号的频谱分析

由于锚杆检测过程中检测到的信号都是离散的非周期信号，它无法用准确的解析式来表达。要对这些信号进行分析处理，必须弄清这些信号的频谱分布规律，即将信号的时域描述通过数学处理变换在频域内进行描述，称频谱分析，最常用的频谱分析方法是快速傅里叶变换（fast Fourier transform，FFT）。

以在实验室的锚杆模型的实测数据和数值模拟的计算数据为例，分别对一完整锚杆和两个损伤锚杆的动测数据进行 FFT 变换以抽取其特征参数，变换结果见图5.1、图5.2、图5.3。考虑到实验室的锚杆模型与现场锚杆有一定的差距，尤其是阻尼差别较大，所以在进行数值模拟计算时，取较大的阻尼值。对信号执行 $N=1024$ 个点的 FFT 变换，若信号向量 X 的长度小于 N，则函数将 X 补零至长度 N；若向量 X 的长度大于 N，则函数截短 X 使之长度为 N。经函数 FFT 求得的序列 Y 一般是复序列，包括幅值和相位。图中表示的是幅值-频率曲线，整个频谱图是以 Nyquist 频率为轴对称的。因此利用 FFT 进行变换时，只要考察 0~Nyquist 频率（采样频率的一半）范围的幅频特性。由这三个图可知，完整锚杆和损伤锚杆的频域曲线是不同的，损伤锚杆的 FFT 幅值曲线存在明显的多峰现象，频带上能量分散。

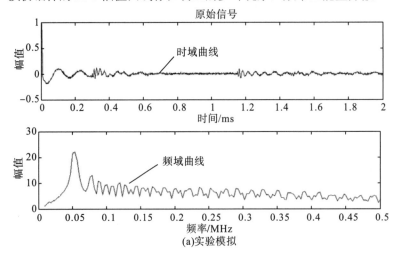

(a)实验模拟

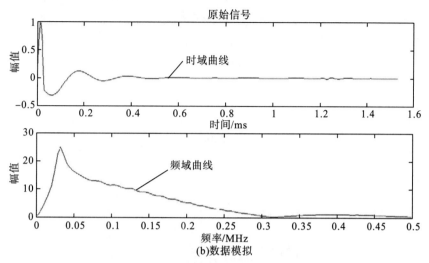

图 5.1 对完整锚杆进行 FFT 变换

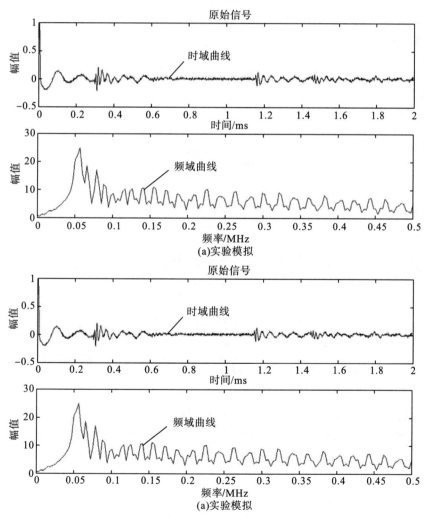

图 5.2 对一个损伤锚杆进行 FFT 变换

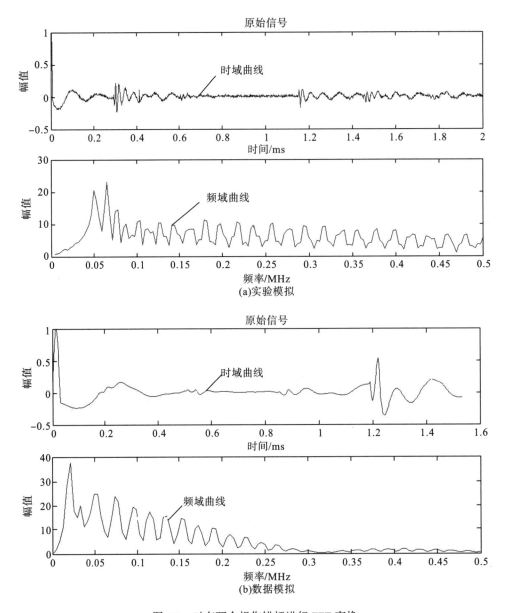

图 5.3 对有两个损伤锚杆进行 FFT 变换

5.2 锚杆系统动测信号的功率谱分析

功率谱分析是在频域研究随机信号的统计规律,其主要目的是分析信号的功率密度在频域中随频率的变化情况,对研究信号的功率分布,决定信号所占有的频带等问题具有重要的作用。特别对于随机信号,不能用确定的时间函数来表示,往往用功率谱来描述它的频率特性。功率谱分析方法一般可分为参数估计和非参数估计两类。传统的功率谱估计的方法是基于 FFT 的非参数估计,其中具有代表性且得到应用的是由 Welch 等提出的修正周期图平均算法。图 5.4 是分别对实验测试数据和数值模拟数据进行功率谱分析的结果,其中分段序列重叠的采样点数(长度)为 128,采用 Hanning 窗函数。

由图 5.4 可以看出,完整锚杆的功率谱曲线呈单峰,而且随频率增大下降速度加快,说明反射信号较弱,激振能量已向周边和杆底深部传播;损伤锚杆的功率谱曲线呈多峰,且功率谱的总面积即各频率成分的总能量及功率谱曲线峰值比完整锚杆要大,而且主频率也发生漂移,这是由于锚杆的损伤引起杆端反射信号较丰富,激振能量在杆端的反复传播使功率谱的总面积要大,损伤越多、损伤程度越大,功率谱的总面积就越大。

功率谱曲线体现了锚杆-围岩结构系统对弹性波振幅谱吸收的大小以及频率的变化,基本反映了它的结构组成、锚固质量等性质。因此,根据实测的动力响应的功率谱,可以对锚杆锚固质量进行定量评价,这也是锚杆锚固系统无损探伤的重要的理论基础。

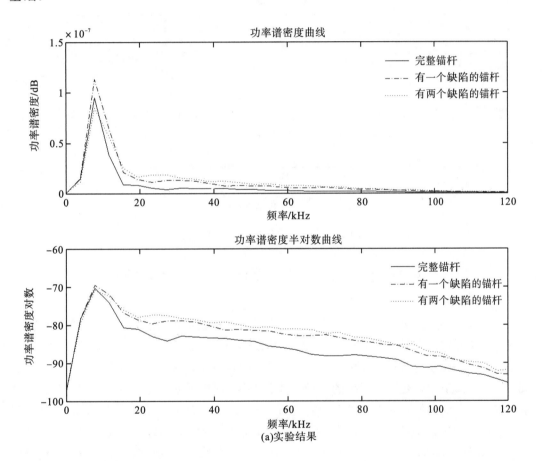

(a)实验结果

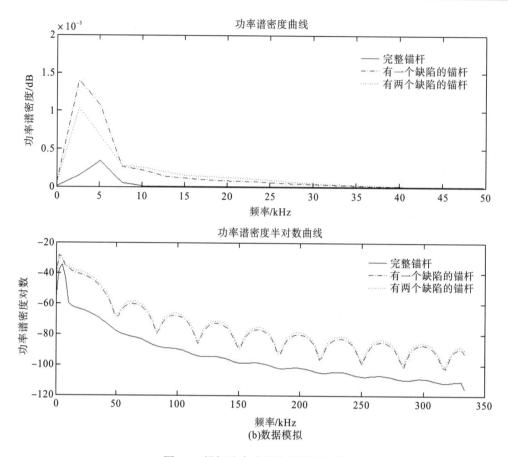

图 5.4 锚杆动力响应的功率谱分析

5.3 用 FFT 处理锚杆系统动测信号的缺点

当对延时较长的连续信号进行观测时,由于采样点数是有限的,对信号不仅要作离散化处理,还要作截断处理,即要将离散信号乘以一个窗函数。截断处理的时域信号经 FFT 变换到频域后会引起频谱的褶皱现象,从而产生频谱泄漏,这就是"泄漏效应",对任何离散信号,泄漏效应是无法避免的,但应尽量减小。对于周期信号,当在周期的整数倍处进行截断时,泄漏效应的影响可抑制到最小程度。另一种减小泄漏效应的方法,就是选择具有较小旁瓣的窗函数。较为常用的几种窗函数有 Bartlett 窗、Hanning 窗、Hamming 窗、Blackman 窗、Kaiser 窗及 Chebyshev 窗等。各种窗函数的幅频响应都存在明显的主瓣和旁瓣,主瓣频宽和旁瓣的幅值衰减特性决定了窗函数的应用。用于信号分析中的窗函数可根据不同要求进行选择,如主瓣宽度窄的窗函数具有较高的频率分辨率。而分析窄带且具有较强的干扰噪声的信号,应选用旁瓣幅度小的窗函数。

FFT 变换在锚杆系统动测智能诊断领域中实际运用时,存在以下问题:

(1)锚杆系统动测信号往往不是周期函数,由截断处理所引起的泄漏效应是无法避免的,由窗函数旁瓣影响造成的多峰现象会给识别频率的真伪带来困难。

(2)要避免混频效应和抑制泄漏效应,既要加密采样又要增加采样长度,从而使信号的采样点数(N)大为增加,增大了计算工作量。

(3)FFT 变换的另一个固有缺陷是频率的分辨率较低,往往不能满足工程要求。

(4)FFT 变换是对时域信号的全局积分,它不具备时域信息,即不知道频域中的某一频率是在什么时候发生的。当它处理非平稳信号时,不能有效提取故障信号的时频特征。而实际的诊断信号经常包含非平稳成分,因此,需采用更先进的频谱分析方法。

5.4　锚杆系统动测信号的一般时频分析

描述信号的两个极为重要的参数是时间和频率,傅里叶变换将信号的时域特征和频域特征有机地联系起来,成为信号分析和处理的有力工具。但它是一种全局的变换,要么完全在时域,要么完全在频域,因此仅适合平稳信号的研究,而无法表述信号的时频局域性质,不能提供有关谱分量的时间局域化的信息。因此,对时变信号的处理需要用比传统的傅里叶变换更准确的方法,即时频分析方法。一般的时频分析是指短时傅里叶变换、Gabor 变换、Wigner-Ville 分布、Randon-Wigner 变换、分数傅里叶变换、循环统计量理论和调幅-调频信号分析等。同样,在对锚杆系统动测信号进行时域分析或频谱分析时,虽然可以对锚杆的锚固状态作定性的评价,但不能进行定量的评价,而且不能确定锚固损伤的准确位置和损伤的范围,不能达到检测的最终目的。要实现对锚固状态的准确定位,就必须借助更精确的分析方法,把时域分析和频域分析结合起来,即利用时频分析手段对锚固系统进行分析。信号的时频表示是指使用时间和频率的联合函数表示信号,其主要任务是描述信号的频谱含量是怎样随时间变化的,研究并了解时变频谱在数学和物理上的概念和含义,建立一种分布,以便能在时间和频率上同时表示信号的能量或强度并对各种信号进行分析处理,提取所包含的特征信息或综合得到具有期望的时频分布特征的信号[33]。

1. 锚杆系统动测信号的短时傅里叶变换

短时傅里叶变换(short-time Fourier transform,STFT)是一种常用的时-频域分析方法,由 Gabor 首先系统地使用,基本变换公式为

$$X_x(\omega,\tau) = \int_R x(t)g(t-\tau)e^{-j\omega t}dt \tag{5.1}$$

时限函数 $g(t)$ 起限时的作用,$e^{-j\omega t}$ 起限频的作用。其功率密度谱为

$$P_x(\omega,\tau) = |X_x(\omega,\tau)|^2 = \left|\int_R x(t)g(t-\tau)e^{-j\omega t}dt\right|^2 \tag{5.2}$$

式中,滑动窗函数可采用哈明(Hamming)窗、汉宁(Hanning)窗、巴特利(Bartlett)窗、韦尔奇(Welch)窗、矩形(Boxcar)窗等。这些窗函数没有本质的区别,窗的选择主要是在形成尽可能窄的中间峰值区和尽可能快的尾部衰减两者之间进行权衡。图 5.5 是对实验室锚杆模型动测信号的短时傅里叶变换结果。从图中可看出,对信号进行短时傅里叶变换可在相平面表达信号的强度大小,并且杆低反射信号比较明显,但不能反映损伤处的反射信号。另外,锚杆损伤越多,反射信号的能量也越大。

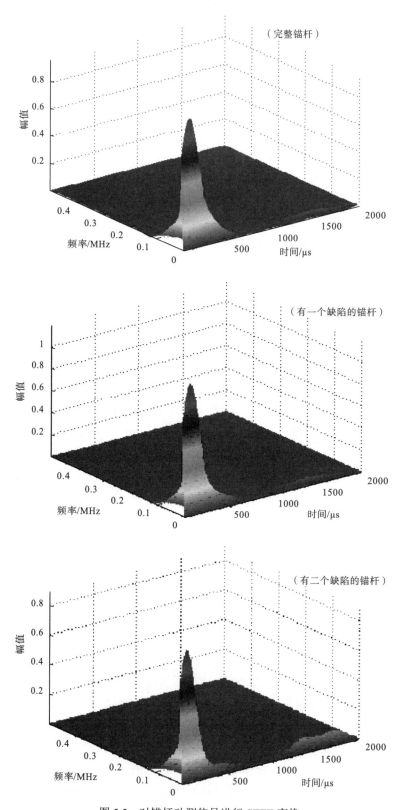

图 5.5　对锚杆动测信号进行 STFT 变换

由于短时傅里叶变换建立在平稳信号分析的基础上,因此无论是在时域还是在频域加窗,都要求窗的宽度非常窄,否则就很难得到某一时刻信号的频谱或某一频率分量所对应的波形的近似值。但根据不确定性原理,若时窗越窄,虽然时间分辨率提高了,但频率分辨率则会下降。同理,频率分辨率的提高是以牺牲时域分辨率为代价的,所以短时傅里叶变换还不能准确反映谱随时间的变化。

2. 锚杆系统动测信号的 Wigner-Ville 分布

在时频能量分布中,人们最感兴趣的 Wigner-Ville 分布定义为

$$W_x(t,\omega) = \int_R x\left(t + \frac{\tau}{2}\right) x^*\left(t - \frac{\tau}{2}\right) e^{-j\omega\tau} d\tau \tag{5.3}$$

式(5.3)可以看作是某种能量分布特征函数的傅里叶变换,是时间和频率的二元函数,所以是一种时频域描述信号的表达式。

信号 $x(t)$ 的 Wigner-Ville 分布有许多优良的数学性质:

$$\text{(1)} \qquad\qquad \frac{1}{2\pi} \int_R W_x(t,\omega) d\omega = |x(t)|^2 \tag{5.4}$$

即信号 $x(t)$ 的 Wigner-Ville 变换,在 t 时刻沿整个 ω 轴的积分,等于信号在 t 时刻的瞬时功率 $|x(t)|^2$ 。

$$\text{(2)} \qquad\qquad \int_R W_x(t,\omega) dt = |X(\omega)|^2 \tag{5.5}$$

即信号 $x(t)$ 的 Wigner-Ville 变换,在某一频率处沿整个 ω 轴的积分,等于信号在此频率处的瞬时功率 $|X(\omega)|^2$ 。

$$\text{(3)} \qquad \begin{cases} \dfrac{1}{2\pi} \int_R \int_R W_x(t,\omega) dt d\omega = \int_R |x(t)|^2 dt \\[2mm] \dfrac{1}{2\pi} \int_{t_1}^{t_2} \int_{-\infty}^{+\infty} W_x(t,\omega) d\omega dt = \int_{t_1}^{t_2} |x(t)|^2 dt \\[2mm] \dfrac{1}{2\pi} \int_{\omega_1}^{\omega_2} \int_{-\infty}^{+\infty} W_x(t,\omega) dt d\omega = \int_{\omega_1}^{\omega_2} |X(\omega)|^2 d\omega \end{cases} \tag{5.6}$$

通过 Wigner-Ville 分布计算和分析,在理论上可以得到信号的能量在时间和频率中的分布情况,了解能量可能集中在某些频率和时间的范围,有利于对时变信号的分析,保持信号的时变特性。

进行离散信号的 Wigner-Ville 分布计算时,首先必须先把实际信号通过 Hilbert 变换转变成解析信号。另外,由于实标信号都是能量有限信号,有一个有限的区间,因此必须对信号进行加窗处理。

图 5.6 是对实测信号进行 Wigner-Ville 分析后的结果。从图中可以看出,在不同的时间和频率处,信号的能量强度不同损伤锚杆的反射能量是不同的。通过与完整锚杆信号相比较可以发现信号变化的大致位置及变化的程度。但由于其与短时傅里叶变换一样,处理时需要在时域加窗,因此有较强的频率泄露及窗效应。而且,Wigner-Ville 变换一样受测不准原理的制约,因而不能够严格实现在任一局部时间内得到信号变化剧烈程度的信息。

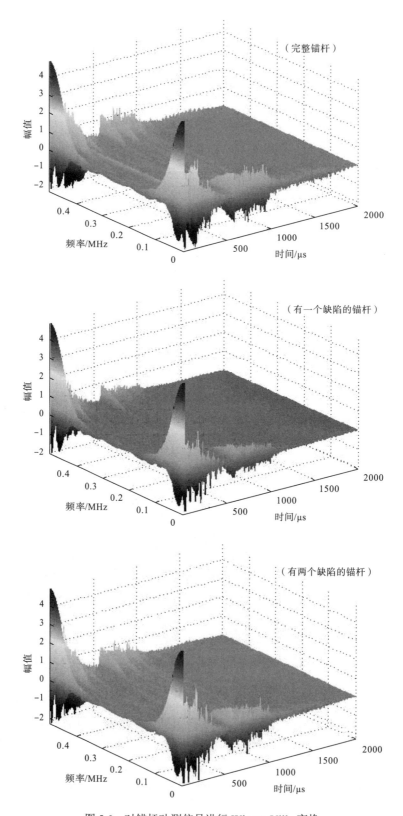

图 5.6 对锚杆动测信号进行 Wigner-Ville 变换

5.5 锚杆系统动测信号的小波分析

一般的时频分析是一种单一分辨率的信号分析方法，只使用一个固定的短时窗函数，因而还是存在着不可克服的缺陷。目前，小波分析越来越来受到人们的重视，得到了迅速的应用和发展，因为小波分析主要是着眼于信号频率的时变特征，引入联合时间频率域的概念，使我们能够清晰地看到信号的细微变化。

对信号进行短时傅里叶变换(STFT)，相当于用一个形状、大小和放大倍数相同的"放大镜"在时-频相平面上移动去观测某固定长度时间内的频率特性，见图 5.7。但这种做法有时不适合信号本身的规律，实际中信号的规律是：对信号的低频分量(波形较宽)必须用较长的时间段才能给出完全的信息；而对信号的高频分量(波形较窄)必须用较短的时间段以给出较好的精度。由此可知，更适合的做法是使"放大镜"的长宽是可以变化的，它在时-频相平面的分布应如图 5.8 所示。

一个信号的傅里叶变换其实就是该信号在一组正交的正弦函数($\sin\omega x$)和余弦函数($\cos\omega x$)上的投影，而一个信号的小波变换是它在一组小波函数簇上的投影。选用恰当的小波函数簇，可以很好地分析信号的特征。相反，若小波函数簇选取不正确，对信号进行小波变换之后，信号在小波函数簇上的投影系数很可能淹没信号的特征。一组小波函数簇可以由一个小波基函数通过恰当的尺度变换和迭代运算来产生，一般称这个小波基函数为小波函数。

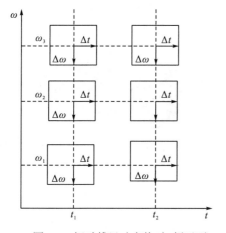
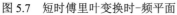
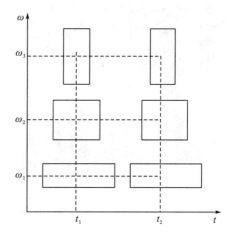

图 5.7 短时傅里叶变换时-频平面　　　　　图 5.8 理想的时-频平面

1. 小波变换

设 $f(t)$、$\varphi(t)$ 是平方可积函数，且 $\varphi(t)$ 的傅里叶变换为 $\hat{\Psi}(\omega)$，当 $\hat{\Psi}(\omega)$ 满足条件：

$$\int_R |\Psi(\omega)|^2 / |\omega| \mathrm{d}\omega < \infty \tag{5.7}$$

时，则称

$$\frac{1}{\sqrt{a}} \int_R f(t) \varphi\left(\frac{t-b}{a}\right) \mathrm{d}t, \qquad a > 0 \tag{5.8}$$

是 $f(t)$ 的小波变换，记为 $W_f(a,b)$。 $\varphi(t)$ 为小波函数或小波母函数。可以看出小波变换是一种积分变换，将一个时间函数变换到时间-尺度相平面上，以提取函数的某些特征。两参数 a、b 是连续变化的， a 为尺度因子， b 为平移因子。

对于函数 $f(t)$ 连续小波变换的逆变换，即重构公式为

$$f(t)=\frac{1}{C_\varphi}\int_{-\infty}^{\infty}\int_{-\infty}^{\infty}\frac{1}{a^2}W_f(a,b)\varphi\left(\frac{t-b}{a}\right)\mathrm{d}a\mathrm{d}b \tag{5.9}$$

其中， $C_\varphi=\int_R|\Psi(\omega)|^2/|\omega|\mathrm{d}\omega$ ，为小波变换系数。

可以看出信号 $f(t)$ 就是由一系列经平移和缩放的小波函数叠加而成，见图5.9。

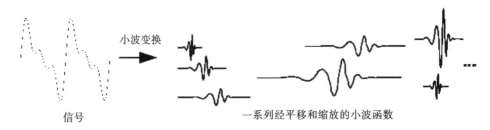

图 5.9　小波变换示意图

对一锚杆动力响应信号进行连续小波变换，小波变换系数分布见图5.10。

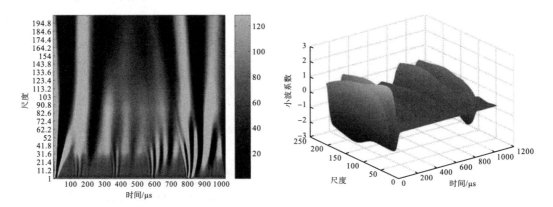

图 5.10　小波变换系数分布图

2. 锚杆系统动测信号的多尺度分析

函数 $f(t)$ 可由它的小波变换 $W_f(a,b)$ 精确地重建。它也可看成按"基" $\varphi_{a,b}(t)$ 的分解，系数就是 $f(t)$ 的小波变换，但"基" $\varphi_{a,b}(t)$ 的参数 a、b 是连续变化的， $\varphi_{a,b}(t)$ 之间不是线性无关的，即存在"冗余"，这导致 $W_f(a,b)$ 之间有相关性。将"基" $\varphi_{a,b}(t)$ 离散化构成离散小波框架，当小波函数的伸缩平移系 $\{\varphi_{j,k}(t)\}_{j,k\in Z}$ 是正交系时，所得的小波框架就无冗余了，这就需要进行多尺度分析(multi-resolution analysis，MRA)，也称多分辨率分析。

多尺度分析可用小波分解树来解释，见图 5.11，任何信号 S 可分解成高频部分 cA_1 和低频部分 cD_1，再对低频部分进一步分解为高频部分 cA_2 和低频部分 cD_2，以下再依次类推。依据标准正交基 $\{2^{-j/2}\varphi(2^{-j}t-k)\}_{k\in z}$，任何函数 $f(t)$ 都可根据分辨率为 2^{-N} 时的低频部分(信号的概貌)和分辨率为 $2^{-j}(1\leqslant j\leqslant N)$ 时的高频部分(信号的细节)完全重构，这就是著名的 Mallat 塔式重构算法。它说明任何信号可分解成不同频带的细节之和，随着 j 的不同，这些频带互不重叠且充满整个频率空间，也就是正交离散小波变换的时频窗互不重叠、相互邻接，形成对时频平面的一种剖分，见图 5.12。

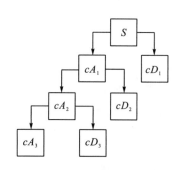 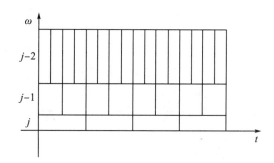

图 5.11　小波变换分解树图　　　　　　　图 5.12　正交小波变换的时频窗

应用多尺度分析和小波包分析技术可以把信号分解在不同的频带之内，对这些频带内的信号进行分析，称为频带分析技术。可以根据感兴趣的频率范围，把信号在一定尺度上进行分解，从而提取相应频带内的信息。其中，多分辨率分析可以把一个信号逐次分解为低频逼近部分和高频细节部分，而每一次再分解都只对上一次分解的低频部分进行，分解的结果保留了信号的时间特征。与傅里叶变换相比较，小波变换是将傅里叶变换中所用的正弦函数修改为在时间上更集中而在频率上较分散的基函数，即小波基函数。小波频带分析技术对信号在不同频带上的能量统计是在时域波形上，这与信号经傅里叶变换后在频域上进行的能量统计是不同的，正是这种差异体现了小波分析具有时频分析能力的优势。信号经多尺度分析后，其幅值的大小表征了信号中此频率成分的能量大小。

下面以实验室模拟的一根完整锚杆和两根损伤锚杆作为例子运用多尺度分析方法提取锚杆系统动测信号在频域中的特征向量，输出结果见图 5.13。这里采用了 coif 3 小波分别对功率谱密度曲线进行三层多尺度分析，其中 ca3 表示第三层低频系数(逼近部分)，cd3 表示第三层高频系数(细节部分)，cd2 表示第二层高频系数(细节部分)，cd1 表示第一层高频系数(细节部分)。与完整锚杆相比，损伤锚杆动测信号功率谱的多尺度分解系数出现较明显的变化，尤其是高频系数的显著畸变反映了锚杆的损伤状况。

对信号多尺度分解后再对各小波系数进行信号重构，见图 5.14，可以看出低频系数 ca3 的重构信号仍然保持了原始频谱的主要特征，是原始频谱的粗略近似，各高频系数 cd3、cd2、cd1 的重构信号重现了原始频谱的细节部分。频谱曲线就是这几条重构曲线的总和。

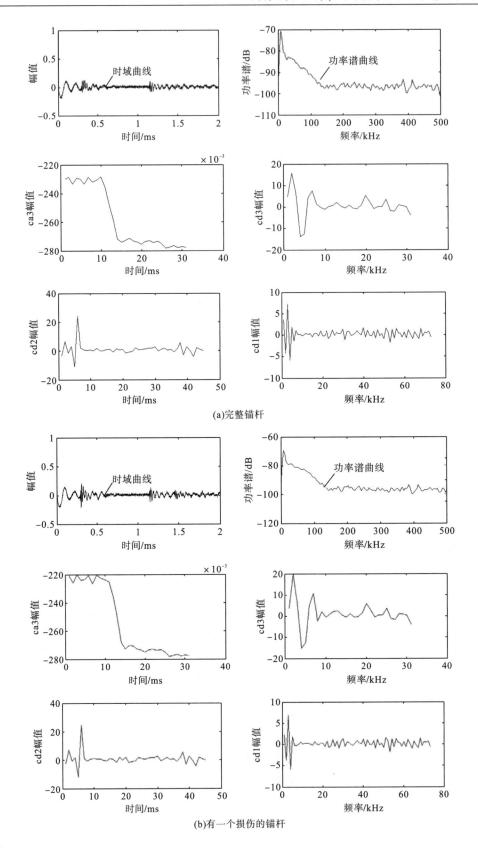

(a)完整锚杆

(b)有一个损伤的锚杆

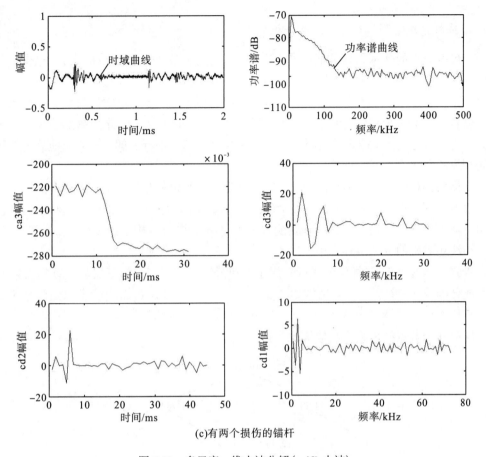

(c)有两个损伤的锚杆

图 5.13 多尺度一维小波分解(coif3 小波)

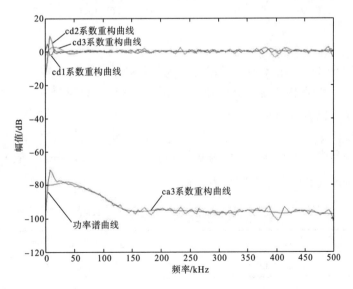

图 5.14 多尺度分析各小波系数的重构

3. 锚杆系统动测信号的小波包分析

多尺度分析的基本思想是把信号投影到一组互相正交的小波函数构成的子空间上,形成信号在不同尺度上的展开,从而提取信号在不同频带的特征,同时保留信号在各尺度上的时域特征。虽然多尺度分析是一种有效的时频分析方法,但它每次只对信号的低频成分进行分解,高频部分保留。而且它的频率分辨率与 2^j 成正比,因此高频部分频率分辨率差。小波包对此进行了改进,它同时可在低频和高频部分进行分解,自适应地确定信号在不同频段的分辨率。

当损伤锚杆受到激振力作用时,其输出波形与完整锚杆相比,相同频带内的信号能量会有较大差别,其中包含着丰富的故障信息。因此利用小波包分解提取不同频带内能量变化的特征量作为信息输入,借助于智能方法可对锚杆-围岩结构系统进行故障诊断。

小波包分析的具体步骤如下:

步骤一:对 A/D 采样信号进行三层小波包分解,分别提取第三层从低频到高频 8 个频率成分的信号特征,其分解结构如图 5.15 所示。其中,(0, 0)节点代表原始信号 S,(1, 0)节点代表第一层低频系数 X_{10},(1, 1)节点代表第一层低频系数 X_{11},(3, 0)节点代表第三层第 0 个节点的系数,其他依此类推。

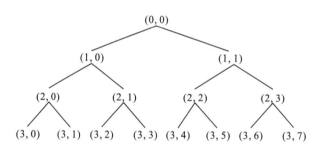

图 5.15　小波包分解树结构

步骤二:对小波包分解系数进行重构,提取各频带范围的信号。S_{30} 表示 X_{30} 的重构信号,S_{31} 表示 X_{31} 的重构信号,其他依此类推。在这里,只对第三层的所有节点进行分析,则总信号 S 可以表示为

$$S = S_{30} + S_{31} + S_{32} + S_{33} + S_{34} + S_{35} + S_{36} + S_{37} \tag{5.10}$$

假设原始信号中,最低频率成分为 0,最高频率成分为 1,则提取的 S_{3j} $(j = 0,1,\cdots,7)$ 的 8 个频率成分所代表的频率范围见表 5.1。

表 5.1　各频率成份所代表的频率范围

信号	S_{30}	S_{31}	S_{32}	S_{33}
频率范围	0.000~0.125	0.125~0.250	0.250~0.375	0.375~0.500
信号	S_{34}	S_{35}	S_{36}	S_{37}
频率范围	0.500~0.625	0.625~0.750	0.750~0.875	0.875~1.000

　　步骤三：求各频带信号的总能量。由于输入信号是一个随机信号，其输出也是一个随机信号。设 S_{3j} $(j=0,1,\cdots,7)$ 对应的能量为 E_{3j} $(j=0,1,\cdots,7)$，则有

$$E_{3j} = \int \left| S_{3j} \right|^2 \mathrm{d}t = \sum_{k=1}^{n} \left| x_{jk} \right|^2 \tag{5.11}$$

其中，x_{jk} $(j=0,1,\cdots,7;\ k=1,2,\cdots,n)$ 表示重构信号 S_{3j} 的离散点的幅值。

　　步骤四：构造特征向量。当锚杆系统存在损伤时，会对各频带内信号的能量有较大的影响，或增大或减少。因此，以能量为元素可以构造一个特征向量。特征向量 $\boldsymbol{T}$ 构造如下：

$$\boldsymbol{T} = [E_{30}, E_{31}, E_{32}, E_{33}, E_{34}, E_{35}, E_{36}, E_{37}] \tag{5.12}$$

　　当能量较大时，E_{3j} $(j=0,1,\cdots,7)$ 通常是一个较大的值，在数据分析上会带来一些不方便的地方。由此，应对特征向量 $\boldsymbol{T}$ 进行归一化处理，令：

$$E = \left(\sum_{j=0}^{7} \left| E_{3j} \right|^2 \right)^{1/2} \tag{5.13}$$

$$\boldsymbol{T}' = [E_{30}/E, E_{31}/E, E_{32}/E, E_{33}/E, E_{34}/E, E_{35}/E, E_{36}/E, E_{37}/E] \tag{5.14}$$

其中，向量 $\boldsymbol{T}'$ 为归一化后的向量。图 5.16～图 5.18 是对完整锚杆和损伤锚杆的小波包分析结果，其对应的归一化特征向量分别为

$\boldsymbol{T}_1' = [0.9887\ 0.1301\ 0.0422\ 0.0578\ 0.0111\ 0.0134\ 0.0070\ 0.0064]$

$\boldsymbol{T}_2' = [0.9897\ 0.1264\ 0.0372\ 0.0524\ 0.0096\ 0.0117\ 0.0061\ 0.0058]$

$\boldsymbol{T}_3' = [0.9840\ 0.1588\ 0.0468\ 0.0628\ 0.0122\ 0.0145\ 0.0068\ 0.0069]$

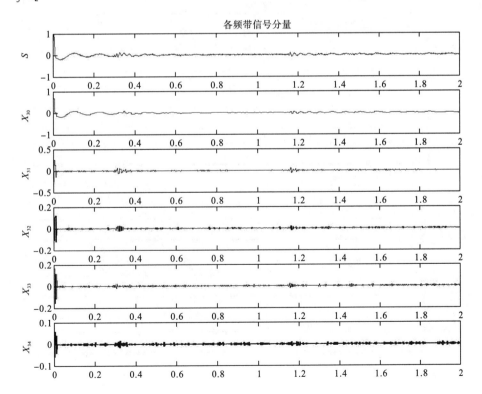

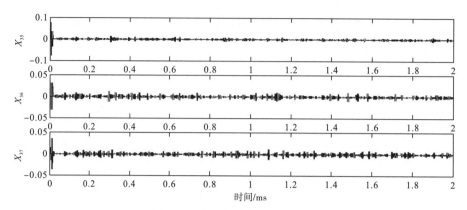

图 5.16　小波包分析(完整锚杆)

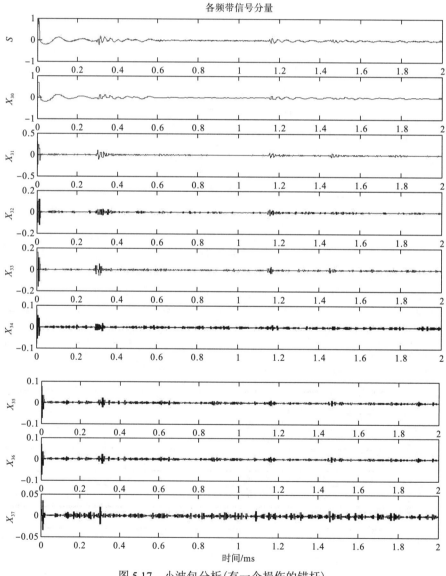

图 5.17　小波包分析(有一个损伤的锚杆)

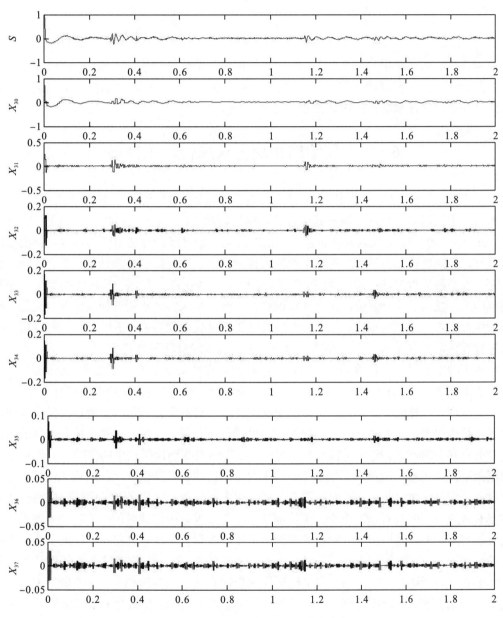

图 5.18　小波包分析(有两个损伤的锚杆)

第6章 锚杆-围岩结构系统无损探伤及质量诊断研究

本章在前面几章研究的基础上,通过神经网络等现代智能数学手段,探讨锚杆系统损伤位置的确定方法和锚杆-围岩结构系统的识别方法,提出一种锚杆锚固质量定量分析的方法,并建立锚杆系统无损探伤的智能诊断系统。

6.1 工程结构系统无损探伤理论概述

工程结构探伤诊断研究在国外大体上分为三个阶段:20世纪40~50年代为探索阶段,注重对结构损伤的原因的分析和修补方法的研究,检测工作大多采用以目测为主的传统方法;20世纪60~70年代为发展阶段,注重对结构检测技术和评估方法的研究,提出了破损检测、无损检测、物理检测等几十种现代检测技术,还提出了分项评价、综合评价、模糊评价等多种评价方法;20世纪80年代以来进入完善阶段,在这一阶段中制定了一系列规范标准,强调了综合评价,并引入知识工程,使结构探伤诊断朝着智能化方向迈进。对于大多数土木工程结构而言,一定程度的带伤工作是完全允许的,所以一般只对结构进行可靠性评估,尤其是对岩土工程结构的损伤识别及故障诊断研究甚少。

对工程结构进行探伤诊断,可以提高结构的可靠性与安全性,避免重大事故的发生,减少事故危害性,同时可获得潜在的巨大的经济效益和社会效益。任何事物都有一个发生、发展的过程。同样的,结构损伤也有一个从产生、发展到恶化的过程。所以,要保持和维护工程结构的性能,就必须随时获取结构特性的改变信息,及时发现损伤所在,并能进行定量分析和及时维护,避免恶性事故的发生。工程结构探伤诊断技术的目的是"保证可靠地高效地发挥工程结构应有的功能"。这里包含了三点:一是保证工程结构无故障,工作可靠;二是保证物尽其用,工程结构要发挥其最大的效益;三是保证工程结构在将有故障或已有故障时,能及时诊断出来,正确地加以维修,以减少维修时间,提高维修质量,节约维修费用。工程结构探伤诊断技术应为工程结构的维修服务,但它决不仅限于为工程结构的维修服务,它还应该保证工程结构能处于最佳的工作状态,这意味着它还应该为工程结构的设计、制造与工作服务。与工程结构探伤诊断技术的目的相应,它的最根本任务就是通过测取工程结构的信号来识别工程结构的状态,因为只有识别了工程结构的有关状态,才有可能达到工程结构探伤诊断的目的。对于工程结构的探伤诊断,有如下五个方面:

(1)正确选择与测取工程结构有关状态的特征信号:所测取的信号应该包含工程结构有关状态的信息,这种信号称为特征信号。

(2)正确地从特征信号中提取与工程结构有关状态的有用信息(征兆):一般来讲,从特征信号来直接判明工程结构状态的有关情况、查明损伤的有无是比较难的。如一般难于从结构的振动信号直接判明结构有无损伤，还需要根据振动理论、信号分析理论等提供的理论与方法，加上实验研究，对特征信号加以处理，提取有用的信息(称为征兆)，才有可能判明工程结构是否有损伤。征兆可以是结构的物理参数(质量、刚度、阻尼等)、结构的模态参数(固有频率、振型等)，也可以是信号的统计特性(如均值、方差、自功率谱等)，还可以是由信号中得出的其他特征量。

(3) 正确地根据征兆进行结构的状态诊断：一般不能直接采用征兆来进行结构的状态诊断，还需要采用多种模式识别理论与方法，对征兆加以处理，构成判别准则，进行状态的识别与分类。

(4) 正确地根据征兆与状态进行结构的状态分析：当结构状态为有故障时，应采用有关方法进一步分析故障位置、类型、性质、原因与趋势等。

(5) 正确地根据状态分析作出决策，干预结构及其工作进程，以保证结构可靠、高效地发挥其应有功能，达到结构探伤诊断的目的。干预包括人为干预和自动干预，包括调整、修理、控制等。

工程结构的故障往往反映在表征结构特性的各种特征参数的变化上，这些参数被定义为征兆参数。探伤诊断就是找出能够描述损伤症状变化的征兆参数的信息，在线长期监测或周期性监测这些信息，从中提取信号，通过数据处理来发现或预报结构的损伤。工程结构损伤诊断的方法有很多，例如振动诊断法、声发射诊断法、超声波诊断法、激光超声诊断法、X 射线诊断法、泄漏诊断、红外诊断，以及其他无损检测方法(如涡流法、磁粉法)等。其中使用非常广泛的是振动诊断法。振动诊断是利用正常结构与异常结构的动态特性的不同来判别结构是否存在损伤的一种技术。根据结构动力学理论，结构内部产生损伤（例如裂纹）时，它的刚性就会发生变化，结构的动态特性如固有频率、模态振型等也就发生变化。通过对结构振动信号的分析，可以识别出结构的动态特性的变化情况，并据此诊断结构的损伤。振动诊断的方法很多，常用的有三种：直接分析法[34-36]、时序分析法[37, 38]和参数识别法[39-41]、直接分析法从具有故障结构的数学模型出发，研究故障引起的响应变化规律，为更有效地诊断故障提供了基础。在多数情况下，建立具有故障结构的数学模型是很困难的。从信息论和统计的观点看，时序分析法实际上是信号的变化与凝聚，所以它对判别是否有故障特别有效。但由于时序模型中的参数没有明确的物理意义，因此很难判断故障的位置。参数识别法直接从测量的输入输出信号识别模态参数或物理参数的变化情况，具有很大的方便性。虽然从数学上来看，反问题往往不唯一和不确定，从而使识别结果可能不唯一，而需辅以经验判断[42]，但这种反问题的求解结果在工程上是认可的，并随着现代智能数学手段的发展和应用，逐渐被人们所接受。

6.2　锚杆系统损伤位置的诊断

信号中的奇异点及不规则的突变部分经常带有比较重要的信息，它是信号重要的特征之一。锚杆系统的损伤主要表现为砂浆和围岩对锚杆体锚固的损失或失效，数学模型上体现在杆侧等效刚度系数和阻尼系数的变化。当出现损伤时，通常表现为测得的杆顶速度时域曲线发生突变(在杆底反射前出现同相或反相的子波峰)，通过检测突变点与入射波波峰之间的时差可判断损伤的位置。或者，将信号变换到频域上，通过检测频峰间距也可判断损伤位置。从分析方法上讲，它们的局限性在于只分别考虑了时域或频域的特征，不能将时域与频域结合起来综合考虑损伤对应的信号的奇异性信息。也就是说时域方法无法得知其在频域的响应，即不知损伤集中出现在哪个频段；频域方法也只能确定一个信号奇异性的整体性质，而难以确定奇异点在空间的位置及分布情况，即不知损伤是在何时产生的及其具体的损伤反射波的相位情况。由于小波变换具有"变焦距"性质，对信号的奇异性及奇异大小的分析应更加有效。

6.2.1 利用小波变换检测锚杆损伤位置的原理

锚杆-围岩结构系统的无损探伤首要的任务就是要确定损伤的位置。当锚杆系统出现损伤时，其杆顶测得的速度时域曲线将发生突变，即在杆底反射波出现同相或反相的子波峰，通常通过检测突变点与入射波波峰之间的时差或将信号变换到频域上，通过检测频峰间距来判断锚杆系统的损伤位置。它的局限性在于只分别考虑了时域或频域的特征，而未能将时域与频域结合起来综合考虑当锚杆出现损伤时对应的信号的奇异性信息。时域方法无法得知其在频域的响应，即不知损伤集中出现在哪个频段；而频域方法只能确定一个信号奇异性的整体性质，而难以确定奇异点在空间的位置及分布情况，即不知损伤是在何时产生的及具体的损伤反射波的相位情况。另外，由于低应变动测信号较微弱，加上噪声的影响，信号突变处位置的确定受技术人员的人为因素影响，很难精确得到。因此，这里提出一种利用小波变换的极大值点诊断锚杆系统损伤位置的方法，该法可同时考虑时域和频域的信息，主要利用小波变换的模极大值点与信号奇异点之间的关系来反映信号的局部奇异性特征[43]。

小波变换能够通过多尺度分析提取信号的突变点即奇异点，其基本原理是当信号在奇异点附近的 Lipschitz 指数 $a > 0$ 时，其连续小波变换的模极大值随尺度的增大而增大；当 $a < 0$ 时，则随尺度的增大而减小。噪声对应的 Lipschitz 指数远小于 0，而信号边沿对应的 Lipschitz 指数大于或等于 0，因此，利用小波变换可以区分噪声和信号边沿，有效地检测出信号边沿(缓变或突变)。锚杆系统的损伤通常会导致系统的观测信号发生变化，若能采取一定的措施消除因外界因素造成的噪声影响，直接利用小波分解变换检测观测信号的奇异点就可以检测出锚杆损伤位置。可以利用小波变换中奇异点与小波变换的模极大值的关系来确定奇异点，小波变换的模极大值都是出现在信号有突变的地方，并且突变点处的高频成分较多，所以函数的奇异点可以从其小波变换的高频部分的模极大值检测出来[44-46]。若信号中包含瞬态信号，则在信号的到达时刻和所在尺度(频率)段，信号能量将有一个突变，表现在小波变换尺度谱图上就是在相应的时间-尺度位置上有尖峰突起。因此，通过检测小波变换尺度谱图上突起的尖峰时刻，就可以实现对瞬态信号到达时刻的检测。

6.2.2 锚杆损伤位置识别步骤及识别举例

依据以上分析，锚杆损伤位置识别步骤如下：

步骤一：对所测得的损伤锚杆时域信号 $u(s,t)$ 用 db1 小波进行三层小波包分解，得各层低频和高频系数；

步骤二：对信号的高频系数进行阈值消噪处理；

步骤三：对信号的高频系数部分进行单支重构，并画出重构后的波形图；

步骤四：识别入射波、杆底反射波及信号突变处位置 t_0、t_e、t_i；

步骤五：计算锚杆长度 $L = C \cdot (t_e - t_0) / 2$，锚杆损伤位置 $L_i = C \cdot (t_i - t_0) / 2$，其中 C 为波速，$C = \sqrt{\rho / E} = 5054\text{m/s}$。

下面是对完整锚杆模型进行杆端捶击所得动测信号来说明故障信号突变点的检测。考虑到信号的突变产生大量的高频成分，首先，将电信号经过小波分解，然后重构信号的高频部分来确定信号发生突变变化。利用 MATLAB 提供的小波分解和重构的功能函数对信号进行处理，这里选用 db1 作小波基进行三层分解和重构，见图 6.1(a)、(b) 两个图。可以看出信号的高频分量所发生的变化较明显，因为突变点处一定含有高频部分，通过重构高频部分可以清楚地看到发生突变的部分。不过从图中也看到，当信号发生突变时往往产

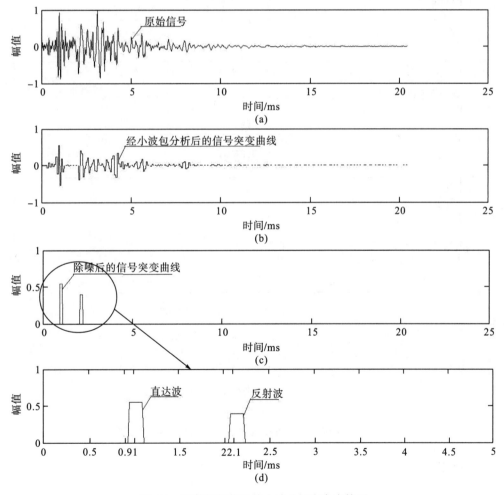

图 6.1　完整锚杆信号的小波分解突变点检测

生大量的噪声信息，单单从图中难以判定突变点的具体时间，可以利用突变点处的小波变换的模极大值来确定突变点，它的基本方法是通过设定一个阈值，使信号的小波系数的模值小于某一值的点的小波系数模值可忽略掉，因为噪声的小波变换模值往往比较小，通过设定这一阈值可以去除噪声部分的影响，见图 6.1(c)、(d)两个图。根据直达波和反射波到达的时刻，可计算锚杆长度。

由 $t_0 = 0.94\text{ms}$、$t_e = 2.09\text{ms}$，计算所得锚杆长度：

$$L = C \cdot (t_e - t_0) / 2 = 5054 \times (2.09 - 0.94) / 2 \times 10^{-3} = 2.906\text{m}$$

而实际实验中所采用的锚杆长度为 2.9m，由此可见，利用这种方法可以较精确地量测锚杆长度。

图 6.2、图 6.3 是对有损伤锚杆模型杆端捶击动测信号进行信号突变点检测的结果。

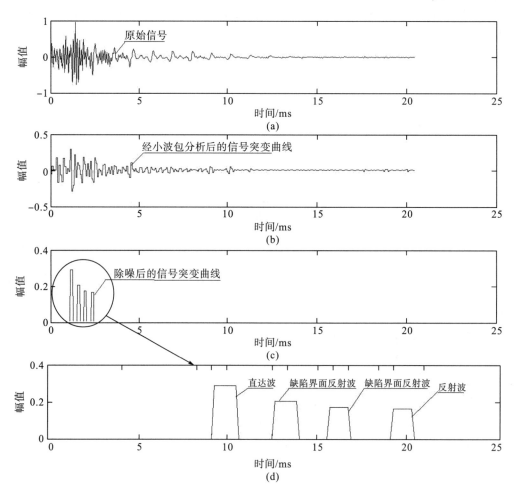

图 6.2　损伤锚杆(试件 1)信号的小波分解突变点检测

由图 6.2 可得

$$t_0 = 1.12\text{ms}、\quad t_1 = 1.52\text{ms}、\quad t_2 = 1.88\text{ms}，\quad t_e = 2.29\text{ms}$$

第一个损伤界面位置：$L_1 = C \cdot (t_1 - t_0) / 2 = 5054 \times (1.52 - 1.12) / 2 \times 10^{-3} = 1.011\text{m}$

第二个损伤界面位置：$L_2 = C \cdot (t_2 - t_0) / 2 = 5054 \times (1.88 - 1.12) / 2 \times 10^{-3} = 1.920\text{m}$

锚杆长度：$L = C \cdot (t_e - t_0) / 2 = 5054 \times (2.29 - 1.12) / 2 \times 10^{-3} = 2.957\text{m}$

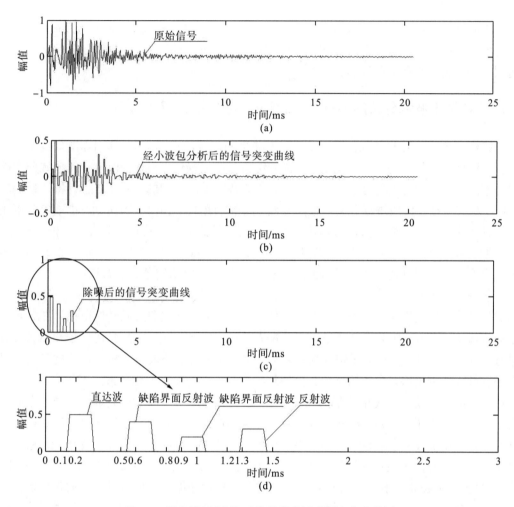

图 6.3　损伤锚杆（试件 2）信号的小波分解突变点检测

由图 6.3 可得

$$t_0 = 0.14\text{ms} \quad t_1 = 0.55\text{ms} \quad t_2 = 0.89\text{ms} \quad t_e = 1.29\text{ms}$$

第一个损伤界面位置：$L_1 = C \cdot (t_1 - t_0) / 2 = 5054 \times (0.55 - 0.14) / 2 \times 10^{-3} = 1.036\text{m}$

第二个损伤界面位置：$L_2 = C \cdot (t_2 - t_0) / 2 = 5054 \times (0.89 - 0.14) / 2 \times 10^{-3} = 1.895\text{m}$

锚杆长度：$L = C \cdot (t_e - t_0) / 2 = 5054 \times (1.29 - 0.14) / 2 \times 10^{-3} = 2.906\text{m}$

由以上的计算结果可以看出，所得结果与锚杆模型中所设置的损伤位置和锚杆长度是吻合的。

6.3　基于小波神经网络的锚杆-围岩结构系统的识别

所谓锚杆-围岩结构系统识别就是依据已测得的动测信号，提取能表征系统状态的特征向量，再利用系统辨识手段估计系统的物理参数，建立特征向量-物理参数模型，从而达到对系统进行判别、评价的目的[47]。

6.3.1　基于小波包分析的锚杆-围岩结构系统特征向量的提取

锚杆杆顶的反射波信号实际上是一时变非平稳信号，它包含了非常丰富的频率成分，包含了锚杆系统状态的许多有用信息，锚杆结构系统的损伤不同，反射信号的频域分布能量也不同，对于不同频段的信号，人们所关心的特征量是不同的，所以在进行特征量提取之前，对信号按各频段进行分解对故障诊断是非常有效的。由第 5 章可知，小波包分析正是这种全新的时频分析方法，特别适合对非平稳信号的分析，具有多分辨率分析的特点，可以把信号分解为一系列具有局部特性的小波函数，在低频和高频范围内均有很好的分辨力，实现了信号特征的分离，其分解后所得分量包含了原始信号的所有特征。

多分辨率分析的基本思想是把信号投影到一组互相正交的小波函数构成的子空间上，形成信号在不同尺度上的展开，从而提取信号在不同频带的特征，同时保留信号在各尺度上的时域特征。小波包分析方法是对多分辨率分析方法的改进，它同时在低频和高频部分进行再分解，因而大大提高了信号高频部分的频率分辨率，小波包分析自适应地确定信号在不同频段的分辨率，具体的小波包分解算法见第 5 章。在小波包分析的工程应用中，一个很重要的问题就是最优小波基的选取问题，这是因为运用不同的小波基解决同一个问题会产生不同的结果，另外，根据要从信号中提取的信息不同，也应恰当选择小波和构造小波函数。Daubechies 小波系列作为有限紧支撑正交小波，其时域和频域局部化能力强，尤其是在数字信号的小波分解过程中可以提供有限长的更实际更具体的数字滤波器，因此，这里采用 Daubechies 小波系列的 db6 小波对锚杆杆顶速度响应信号进行小波包分析。至于小波包分解的阶数，取决于所要识别的模型物理参数的个数，一般来讲，阶数越高，在这一阶上信号的信息成分越丰富，可以更好地刻画信号的细节。这里把锚杆沿长度均分为 5 段，所要识别的参数只有 14 个，所以对信号进行 3 层小波包分解就足够了，然后对各频带上的小波分量实施特征提取，提取参数为各频带范围内体现能量分布的功率谱均值和反映频率变换快慢的方差，具体步骤如下：

(1)对信号的采样序列利用 db6 小波进行三层小波包分解，得到 8 个小波包分解系数序列 $\{CAAA_3、CDAA_3、CADA_3、CDDA_3、CAAD_3、CDAD_3、CADD_3、CDDD_3\}$。

(2)对小波包分解系数进行重构，得到各频带上的信号分量 X_{30}、X_{31}、X_{32}、X_{33}、X_{34}、X_{35}、X_{36}、X_{37}。

(3)对各信号分量采用 Welch 法进行功率谱分析。

(4)特征向量的构成。以 8 个信号分量的功率谱均值和方差组成特征向量

$$\mathbf{F}=\{E1、E2、E3、E4、E5、E6、E7、E8、S1、S2、S3、S4、S5、S6、S7、S8\}$$

6.3.2　径向基神经网络和广义回归神经网络

人工神经网络(artificial neural networks，ANN)的概念是在 20 世纪中期被提出的，其基本原理即采用物理可实现的系统来模仿人脑神经细胞的结构和功能的系统，模仿人类大脑运作的基本模式，进行神经元与神经元间的复杂运算，产生神经元与神经元之间的信号加权值，进而模拟人脑使得神经网络具有人工智能。基于神经科学研究成果基础上发展出来的人工神经网络模型，反映了人脑功能的若干基本特性，开拓了神经网络用于计算机的新途径。它对传统的计算机结构和人工智能是一个有力的挑战，引起了各方面专家的极大关注[48-51]。

径向基函数(radial basis function，RBF)法是用于严格多变量插值的一种传统方法，为多层前向网络的学习提供了一种新颖而有效的手段。Broomhead 和 Lowe 最早将 RBF 用于神经网络设计之中，随后 Moody 和 Darken 提出了径向基神经网络(radial basis function neural network，RBFNN)。RBFNN 是一种极其重要的神经网络，它是基于大脑皮层中存在局部、重叠的感受域这一特性提出的。理论证明，它能够以任意精度逼近任意非线性函数，而且具有其他前向网络所不具有的最佳逼近的性能，并且结构简单，训练速度快，是一种性能优良的神经网络。因此，多年来，人们对径向基神经网络进行了大量的研究，相继提出了多种确定网络结构及参数的学习训练算法。随着研究日渐成熟，RBF 神经网络由于其结构简单、算法简便，不仅具有良好的推广能力，而且避免了像反向传播 BP 那样烦琐、冗长的计算，使学习可以比通常的 BP 方法快 $10^3 \sim 10^4$ 倍，被广泛地用于函数逼近、系统识别、时间序列预测、语音识别、自动控制、数据挖掘等许多领域。

1. 用于插值的径向基函数

Powell 于 1985 年提出了多变量插值的径向基函数方法。问题可阐述为：给定一个点集及 n 维空间中的相应实值 $\{x_i, y_i\}(i = 1, 2, \cdots, m)$，要计算一个函数 $f(x_i) = y_i$，使之满足插值条件：

$$f(x_i) = y_i, \qquad i = 1, 2, \cdots, m \tag{6.1}$$

在径向基函数方法中，函数 $f(x)$ 是从范数的基函数 $\Phi(\|x - x_i\|)$，$i = 1, 2, \cdots, m$ 导出的。基函数径向对称，每一个基函数中心都位于一个给定的数据点上，Φ 为一非线性函数，例如：

$$\Phi(u) = (a^2 + c)^{1/2}, \quad c > 0 \tag{6.2}$$

按上述基函数，插值函数 $f(x)$ 可以写成：

$$f(x) = \sum_{i=1}^{m} \lambda_i \Phi(\|x - x_i\|) \tag{6.3}$$

将插值条件 $f(x_i) = y_i$，$i = 1, 2, \cdots, m$ 代入式(6.3)，可得出有 m 个未知系数 λ_i 的 m 个方程。如果

$$A_{ij} = \Phi(\|x - x_i\|), \quad i, j = 1, 2, \cdots, m \tag{6.4}$$

奇异，则方程(6.3)没有唯一解。不过在实践中，只要数据点互不相同，一般 A_{ij} 都是非奇异的。

2. 径向基函数神经元模型

图 6.4 表示一个有 R 个输入的径向基神经元模型。径向基函数神经元的变换函数有各

种各样的形式，最常用的为高斯函数（radbas），见图 6.5，神经元 radbas 的输入为输入矢量 $\boldsymbol{p}$ 与权值矢量 $\boldsymbol{w}$ 之间的距离乘以阈值 $\boldsymbol{b}$。径向基传递函数可表示为

$$\mathrm{radbas}(n) = \mathrm{e}^{-n^2} \tag{6.5}$$

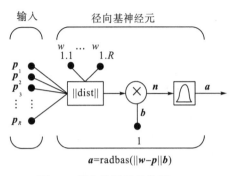

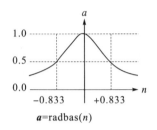

图 6.4　径向基神经元模型　　　　　　　　　图 6.5　高斯函数

　　从图 6.5 可以看出，n 为 0 时，径向基函数输出最大值 1，即权值向量 $\boldsymbol{w}$ 和输入向量 $\boldsymbol{p}$ 之间的距离减小时，输出就会增加。也就是说径向基函数对输入信号在局部产生响应。函数的输入信号 n 靠近函数的中央范围时，隐层节点将产生较大的输出，因此这种神经网络具有局部逼近能力，也称为局部感知场网络。当输入 $\boldsymbol{p}$ 同权值 $\boldsymbol{w}$ 完全相同时，径向基函数的输出为 1，这时，径向基函数扮演了信号检测器的角色。阈值 $\boldsymbol{b}$ 用于调节径向基神经元的敏感程度，例如，如果一个神经元的阈值取 0.1，那么当向量距离为 $8.326(0.8326/b)$ 时，神经元的输出为 0.5[52]。

　　3. 径向基函数神经网络的结构

　　1988 年，Broomhead 和 Lowe 首先将 RBF 应用于神经网络设计，从而构成了 RBF 神经网络。RBF 网络的结构与多层前向网络类似，它是一种三层前向网络，输入层由信号源结点组成；第二层为隐含层，单元数视所描述问题的需要而定；第三层为输出层，它对

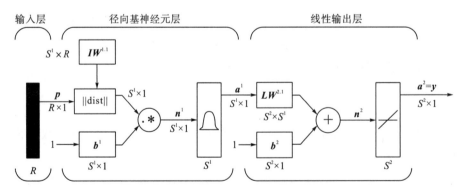

图 6.6　径向基函数神经网络的结构

$$a_i^1 = \mathrm{radbas}\left(\left\|_i \boldsymbol{IW}^{1,1} - \boldsymbol{p}\right\| b_i^1\right); \quad \boldsymbol{a}^2 = \mathrm{purelin}(\boldsymbol{LW}^{2,1}\boldsymbol{a}^1 + \boldsymbol{b}^2);$$

a_i^1 为向量 $\boldsymbol{a}^1$ 的第 i 个元素；$_i\boldsymbol{IW}^{1,1}$ 为权值矩阵 $\boldsymbol{IW}^{1,1}$ 的第 i 行向量；$\boldsymbol{p}$ 表示输入向量；

R 为输入向量元素的数目；S^1 为第一层神经元的数目；S^2 为第二层神经元的数目

输入模式的作用做出响应。从输入空间到隐含层空间的变换是非线性的，而从隐含层空间到输出层空间的变换是线性的，见图 6.6。隐单元的变换函数是 RBF，它是一种局部分布的对中心点径向对称衰减的非负非线性函数(图 6.5)。

$\|\text{dist}\|$ 模块计算输入向量 $\boldsymbol{p}$ 和输入权值 $\boldsymbol{IW}^{1,1}$ 的行向量之间的距离，产生 S^1 维向量，然后与阈值 $\boldsymbol{b}^1$ 相乘，再经过径向基传递函数从而得到第一层输出。构成 RBF 网络的基本思想是：用 RBF 作为隐单元的"基"构成隐层空间，这样就可将输入矢量直接(即不通过权连接)映射到隐空间。当 RBF 的中心点确定以后，这种映射也就确定了。而隐含层空间到输出层空间的映射是线性的，即网络的输出是隐单元输出的线性加权和。此处的权即为网络可调参数。由此可见，从总体上看，网络由输入到输出的映射是非线性的，而网络的输出对可调参数而言却又是线性的。这样网络的权就可由线性方程组直接解出或用线性最小平方方法递推计算，从而大大加快学习速度并避免局部极小问题。

4. 广义回归神经网络

广义回归神经网络(general regression neural network，GRNN)是由德国人 Donald F. Specht 于 1991 年首先提出的新型神经网络算法，具体理论见相关文献[53,54]。它是径向基神经网络的变形，其结构与径向基网络接近，仅在输出的线性层有一些不同，非常适合于函数的逼近，其网络结构如图 6.7 所示。网络的第一层为径向基隐含层，单元个数等于训练样本数 Q，该层的权值函数为欧几里德距离度量函数($\|\text{dist}\|$)，其作用是计算网络输入与第一层的权值 $\boldsymbol{IW}^{1,1}$ (为 $M \times R$ 矩阵，即全部样本输入向量)之间的距离：

$$\|\text{dist}\| = \sqrt{\sum_{i=1}^{n}\left(x_i - \boldsymbol{IW}^{j,i}\right)}, \quad j = 1,2,\cdots,M \tag{6.6}$$

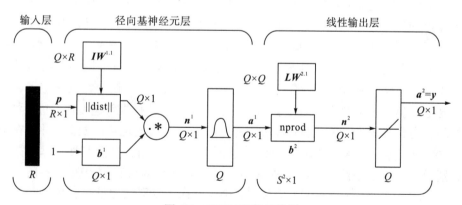

图 6.7　GRNN 网络结构图

$a_i^1 = \text{radbas}(\|_i\boldsymbol{IW}^{1,1} - \boldsymbol{p}\|b_i^1); \qquad a^2 = \text{purelin}(n^2);$

a_i^1 为向量 $\boldsymbol{a}^1$ 的第 i 个元素；$_i\boldsymbol{IW}^{1,1}$ 为权值矩阵 $\boldsymbol{IW}^{1,1}$ 的第 i 行向量；

$\boldsymbol{p}$ 表示输入向量；R 为输入向量元素的数目；Q 表示每层网络中的神经元个数

$\boldsymbol{b}^1$ 为隐含层阈值，设置为 0.8326/spread，可通过改变 spread 的值来调节。符号"·"表示 $\|\text{dist}\|$ 的输出与阈值 $\boldsymbol{b}^1$ 的元素与元素之间的乘积关系，并将结果形成净输入 $\boldsymbol{n}^1$，传送到传递函数，隐含层的传递函数为径向基函数，常用高斯函数：

$$R_i\left(x\right)=\exp\left(-\frac{\left\|x-c_i\right\|^2}{2\sigma_i^2}\right) \tag{6.7}$$

作为网络的传递函数。式中，σ_i决定第i个隐含层位置处基函数的形状，σ_i越大则基函数越平缓，故又被称为光滑因子。

　　网络的第二层为线性输出层，其权函数为规范化的点积权函数（用 nprod 表示），计算出网络的向量 n^2，它的每个元素就是向量 $\boldsymbol{a}^1$ 与权值矩阵 $\boldsymbol{IW}^{2,1}$ 每行元素的点积再除以向量 $\boldsymbol{a}^1$ 各元素之和的值，并将结果 n^2 送入线性传递函数 $a^2=\text{purelin}\left(n^2\right)$，计算网络输出。

6.3.3　锚杆-围岩结构系统的小波神经网络识别模型

1. 基于小波变换特征提取的广义回归神经网络结构

　　基于小波变换时频局部化特性及人工神经网络的非线性映射特性，将小波变换和人工神经网络的优点结合起来，从锚杆系统动测信号二进小波变换的频域中提取特征，最后将这些特征输入人工神经网络，进行锚杆-围岩结构系统的动力参数的识别，进而做结构系统的健康诊断。经小波变换得到的特征向量与锚杆结构系统状态之间是一种非常复杂的非线性关系，而神经网络具有并行分布式的处理、联想记忆、自组织及自学习能力等特点，特别是具有极强的非线性映射能力，在理论上神经网络可以逼近任意复杂的非线性系统。因此，利用神经网络来进行锚杆结构系统的识别是非常合适的。径向基网络模拟人脑中局部调整、相互覆盖接收域的神经网络结构，是一种局部逼近网络，可以实现从输入到输出的非线性映射，从几何意义上来说，相当于根据稀疏的给定样本数据点恢复一个连续的超曲面，在给定点处曲面的值要满足样点值，网络应用时相当于估计其间未知点的值。径向基网络与前向网络一样具有以任意精度逼近任意连续函数的能力，且其逼近、分类和学习速度等方面优于 BP 网络。尤其是广义回归神经网络（GRNN）在逼近能力、分类能力和学习速度方面具有较强的优势。GRNN 网络的特点是人为调节的参数少，只有一个阈值，网络的学习全部依赖数据样本。这个特点决定了网络得以最大限度地避免人为主观假定对预测结果的影响，同时具有收敛速度快、鲁棒性强、非线性处理能力强等优点，网络最后收敛于样本量积聚最多的优化回归面，并且在数据缺乏时，效果也较好，网络可以处理不稳定的数据。因此采用广义回归神经网络建立锚杆系统识别模型。基于小波变换特征提取的广义回归神经网络结构如图 6.8 所示。图中 $x_i(k)$ 是 i 个经放大、采样得到的动测信号，小波变换层是对给定的信号用小波函数进行小波变换，得到不同频带上的信号分量，特征提取层提取指定频带上信号分量的特征参数，将这些特征参数作为人工神经网络的输入，当用标准样本对网络进行训练后，就可用于锚杆结构系统的诊断。

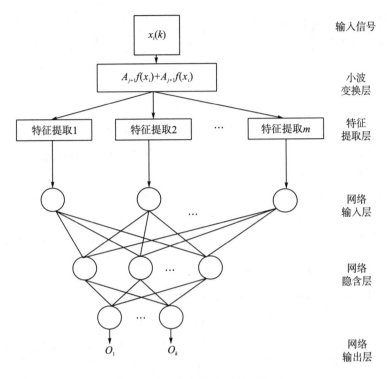

图 6.8　小波神经网络结构示意图

2. 小波神经网络的输入输出参量的确定

由第 2、第 3 章可知，对于一特定的锚杆-围岩结构系统，只要输入杆侧、杆底动力因子（$\alpha_i, \beta_i, \alpha_b, \beta_b$）、应力波从杆顶传至杆底的时间（$T_c$）和瞬态激振力的脉冲宽度（$T$），就可以确定杆顶的速度动力响应信号，再对该信号进行小波包变换，得到相应的特征向量，这是系统的正演问题。而要对锚杆系统进行识别就是系统反演问题，这时输入参量应该是经根据信号分析得到的特征向量，再经过神经网络的识别，得到输出参量，即 α_i、β_i、α_b、β_b、T_c 及 T。由于杆侧刚度因子可以反映锚杆的锚固质量，为简化神经网络的复杂程度，这里只对杆侧刚度因子的识别进行研究。

很显然，由于损伤数量和位置的不同，使得锚杆结构系统变得比较复杂，无法统一。为了研究的方便，也为了便于分析比较，把锚杆杆体均分为 5 段，用每段等效的动力参数来评价锚杆锚固质量，这样使锚杆结构系统的识别问题得到了统一。所以图 6.8 中小波神经网络的输出参量共有 14 个（包括 5 段杆侧的阻尼因子和刚度因子、杆底阻尼因子和刚度因子、T_c 及 T），根据反演理论[55-57]反演问题有解的一个必要条件就是量测的信息量应大于等于未知参数量，所以输入量即信号的特征向量维数必须大于等于 14，信号经三层小波包变换后，可提取的特征值有 16 个，满足要求。

3. 神经网络中的均匀设计

人工神经网络的泛化能力直接取决于它所学习的样本代表性及样本长度，当学习样本不足以使人工神经网络充分学习时，所训练出的网络性能会很差。为尽量避免上面的问题，对样本的选择一般要遵循以下原则：样本足够多、样本具有代表性、样本均匀分布。为了保证训练样本的典型性和均匀性，我们使用均匀设计提取训练样本。均匀设计是一种实验设计方法，它可以用较少的实验次数，安排多因素、多水平的析因实验，是在均匀性的度量下最好的析因实验设计方法。

在实验设计中，如实验有 s 个因素，各因素分别有 r_1、r_2、$\cdots$、r_s 种水平，若要进行全面实验共要做 $r_1 \times r_2 \times \cdots \times r_s$ 种实验，对于多因素、多水平的全面实验往往从人力、物力、财力及时间上考虑都难以实现。因此，人们自然要研究某种实验方法，选做一部分实验，用较少的样本而使资料具有较好的代表性。这就是要进行实验设计，常用的实验设计有正交设计和均匀设计。而均匀设计方法在实验次数、均匀性及非线性模型估计等方面有一定的优势，故这里我们采用均匀设计。常用的均匀设计可以查均匀设计表获得，均匀设计表的构造可参见相关文献，均匀设计采用偏差作为均匀性评价指标，偏差的大小对应均匀性的优劣。

4. 小波神经网络训练样本的选择

在锚杆结构系统正演问题中，输出参量共有 14 个，即共有 14 个因素，所以小波神经网络识别模型中网络训练的样本选取采用均匀设计表 $U_{165}(11^{14})$，即有 14 个因素，11 个水平，共有 165 个样本，均匀性偏差为 0.060375，均匀性较好。首先确定各实验因素的数值范围：

(1) 应力波从杆顶传至杆底的时间 $T_c = L / v_s$，v_s 为应力波在钢筋中的传播速度，取 5064m/s，L 为锚杆长度，取 3～10m，所以 T_c 的各水平值在 0.5～2ms 均匀选取。

(2) 瞬态激振力的脉冲宽度 T，取决于锤子头部的材质。一般来说，材质越软、碰撞速度越低(提升高度越低)、锤体重量越轻，锤体重量和几何尺寸与锤击对象间越匹配，信号的脉冲宽度就越大，覆盖的高频成分也就越少。根据实践经验，信号脉冲宽度可取 0.02～0.2ms。

(3) 杆侧阻尼因子 α、刚度因子 β 和杆底动力因子 α_b 和 β_b 取决于锚杆截面半径 r、围岩密度 ρ 和杆侧阻尼系数 η、刚度系数 k，由第 2 章可知，α、β、α_b 和 β_b 取值可按式(6.8)、式(6.9)估计：

$$\begin{cases} \alpha = \dfrac{2T_c \eta}{\rho r} \\[2mm] \beta = \dfrac{2T_c^2 k}{\rho r} \end{cases} \tag{6.8}$$

$$\begin{cases} \alpha_b = \dfrac{\eta_b C}{E} \\[2mm] \beta_b = \dfrac{k_b L}{ES} \end{cases} \tag{6.9}$$

其中，借鉴桩基动测理论：

$$k = 2.75 G_s / (2\pi r) ; \quad \eta = \sqrt{\rho_s G_s} ; \quad k_b = 4 G_s / [\pi r_0 (1 - \nu_s)] ; \quad \eta_b = 3.4 \sqrt{\rho_s G_s} / [\pi (1 - \nu_s)]$$

显然，杆侧动力因子的最小值为 0(杆侧无砂浆、围岩与杆体黏结)。依据《公路隧道设计规范》(JTG D70—2004)中各级围岩的物理力学指标标准值，对每类围岩各取 2～3 组数据(表 6.1)，每类围岩情况按锚杆钢筋直径 $r = 25$mm、锚杆长 $L = 3.5$m 和 $r = 20$mm、$L = 10$m 两种情况计算所得的动力因子作为因素的水平。

表6.1　围岩变形模量、密度与泊松比对应表

变形模量 E /GPa	1	2	3.6	6	13	20	26	33	43	53
围岩密度 ρ /(kg/m^3)	1700	2000	2100	2300	2400	2500	2600	2700	2800	2800
泊松比 μ	0.45	0.35	0.32	0.3	0.27	0.25	0.23	0.20	0.17	0.15

综上所述，各因素水平按范围平均取值，见表 6.2 所示。

表6.2　实验设计中因素水平取值

因　素	水　平									
T_c /ms	0.50	0.65	0.80	0.95	1.10	1.25	1.40	1.55	1.70	1.85	2.00
T /ms	0.02	0.038	0.056	0.074	0.092	0.110	0.128	0.146	0.164	0.182	0.200
α_i $(i=1,2,3,4,5)$	0	12	62	27	116	56	220	84	308	115	406
$\beta_i/10^3$ $(i=1,2,3,4,5)$	0	0.152	3.242	0.604	10.10	2.267	34.46	4.683	60.18	8.142	101
α_b	0	0.038	0.051	0.068	0.090	0.131	0.163	0.186	0.208	0.236	0.259
β_b	0	1.270	7.255	4.062	20.98	14.202	68.66	27.803	109.41	44.846	172.6

按照均匀设计表 $U_{165}(11^{14})$，得到实验方案，表 6.3 是部分方案表。对所有实验方案进行计算得到各方案的理论信号曲线，然后利用 db6 小波对各信号进行三层小波包分解重构，得到每个信号在各频带上的信号分量，再对各分量用 Welch 法进行功率谱分析，提取各分量的功率谱均值和方差作为特征向量。图 6.9 为方案 2 的信号曲线和小波包分解，图 6.10 为各分量的频谱图，由于所得到的均值和方差数量级较小(10 的负十几次方)，取其对数的绝对值作为特征向量。

表6.3　部分实验方案表

因素	方案 1	方案 2	方案 3	方案 4	方案 5	方案 6	方案 7	方案 8	方案 9
T_c /ms	0.65	0.17	0.65	1.40	1.10	0.65	1.10	2.00	0.50
T /ms	0.038	0.110	0.182	0.056	0.200	0.200	0.074	0.164	0.200
α_1	308	56	116	12	27	308	406	56	220
α_2	62	308	12	220	115	56	220	220	84
α_3	27	27	220	84	115	84	62	406	115
α_4	220	406	84	406	84	406	406	308	308
α_5	27	12	0	0	12	308	27	84	406

续表

因素	方案 1	方案 2	方案 3	方案 4	方案 5	方案 6	方案 7	方案 8	方案 9
$\beta_1/10^3$	60.18	8.142	4.683	8.142	2.267	0.604	0	34.46	2.267
$\beta_2/10^3$	0	4.683	3.242	34.46	3.242	10.10	60.18	2.267	2.267
$\beta_3/10^3$	8.142	101	0.152	0.152	0.604	8.142	34.46	101	0.152
$\beta_4/10^3$	60.18	4.683	4.683	8.142	34.46	4.683	8.142	0.152	60.18
$\beta_5/10^3$	0	10.10	3.242	4.683	60.18	34.46	60.18	10.10	3.242
α_b	0.236	0.259	0.038	0.038	0.068	0.236	0.163	0.259	0.038
β_b	14.202	68.66	68.66	7.255	4.062	1.270	14.202	0	109.41

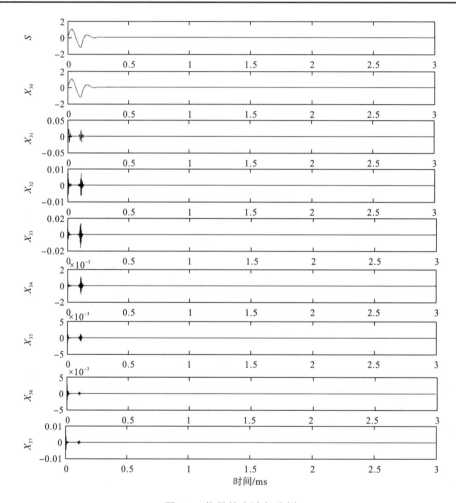

图 6.9 信号的小波包分析

$F=\{4.4269、8.6215、9.7570、8.9168、11.1643、11.1128、12.0184、11.1980、7.2539、16.3574、18.9113、17.1437、21.5327、21.4613、23.3164、21.7345\}$，表 6.4 给出了部分特征向量。

表 6.4   部分特征向量

	1	2	3	4	5	6	7	8	9
E1	6.5556	4.4269	4.4138	4.7164	4.3506	4.3740	5.3331	4.5856	7.3993
E2	7.6289	8.6215	8.0523	8.9762	9.1770	8.5509	7.9194	7.8868	8.3881
E3	9.4032	9.7570	9.4710	10.3257	10.3701	9.5365	9.3349	9.8705	10.3130
E4	8.4654	8.9168	8.5930	10.4929	10.8487	10.0384	8.5253	9.9499	10.5114
E5	10.7502	11.1643	10.8285	11.7379	11.7518	10.9400	11.0511	11.3195	11.9041
E6	10.4913	11.1128	10.7265	11.7357	11.7025	10.8379	10.4202	10.9576	11.7130
E7	11.0268	12.0184	11.1232	13.4205	12.5417	11.0317	10.9520	11.5066	11.7869
E8	10.6017	11.1980	10.7695	11.6754	11.5523	10.4956	10.5606	11.0553	11.7156
S1	12.1352	7.2539	7.0776	7.7008	6.8950	6.9330	9.2678	7.5552	13.4635
S2	14.2716	16.3574	15.1876	16.9992	17.6138	16.2688	14.7598	14.8664	15.8108
S3	18.2594	18.9113	18.3532	20.1010	20.1814	18.5016	18.0855	19.1309	19.9741
S4	16.2352	17.1437	16.4829	20.0932	20.9221	19.1886	16.3089	19.2589	20.0476
S5	20.7258	21.5327	20.8556	22.7116	22.7190	21.0968	21.1780	21.8407	23.0525
S6	20.2371	21.4613	20.6860	22.7590	22.7215	20.9969	20.1943	21.2365	22.6712
S7	21.4724	23.3164	21.6353	26.0818	24.4192	21.4094	21.2613	22.2178	22.7229
S8	20.5255	21.7345	20.9022	22.6719	22.4735	20.3746	20.4592	21.3466	22.7983

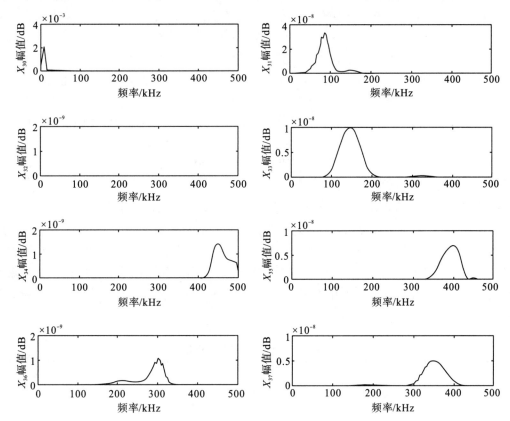

图 6.10   小波分量的功率谱

5. 样本数据的预处理

为了使神经网络系统的通用性增强、加快收敛速度、提高网络的训练效率，需要对待输入的样本数据进行正则化处理[58]。所谓正则化就是将具有不同尺度、属于不同量纲的样本矢量的各个分量转换到相同区间与量纲。常用的方法有两种，一是把数据转换到区间 [0,1]，二是数据向量经正则化处理后，使其均值为 0，标准偏差为 1，考虑到径向基函数的特性，采用后者进行数据处理：

$$p_n(i) = [p(i) - \text{mean}p]/\text{std}p \tag{6.10}$$

其中，$p_n(i)$ 为变换后的输入值；$p(i)$ 为变换前的值；$S = \{p(1), p(2), \cdots, p(t)\}$；meanp 为 S 序列的平均值；stdp 为 S 序列的标准偏差。若要把数据还原，采用下式：

$$p(i) = \text{std}p \times p_n(i) + \text{mean}p \tag{6.11}$$

6. 神经网络的构建、训练与仿真

广义回归神经网络(GRNN)的建立可用 MATLAB 工具箱中的神经网络部分来实现，其中用 prestd 函数对输入输出向量进行正则化处理，用 newgrnn 函数建立 GRNN 网络，用 sim 函数进行仿真，用 poststd 函数对数据进行还原。GRNN 在训练中把各个输入输出向量组赋给 GRNN 输入层，一次完成，即隐含层单元的径向基函数的中心和模式单元及隐含层与线性层连接权值同时赋值。网络的训练不需监控，只使用特殊的聚类算法，不必预先确定隐含层单元的个数，只需在开始训练前确定散布常数 spread。为了提高网络的精度，在上述已有样本的基础上，在每一类围岩范围内又取了 165 个样本，同时对于完整锚杆，又在整个范围内均匀取了 440 个样本，总共获得 1595 个样本，在此基础上对神经网络进行训练，步骤主要分为两步：首先，把学习样本分成两部分，用前一部分样本进行拟合训练，利用所得的网络识别第二部分样本，计算识别误差，调整 spread 的值，直到识别精度不再有显著提高为止；第二，利用第一步得到的神经网络，对全部学习样本进行训练，得到相应的神经网络识别模型。所建立的网络取 spread = 0.1，这样就得到锚杆-围岩结构系统的小波神经网络识别系统。

前 5 个方案的仿真输出和目标输出见表 6.5，由表可看出，除了方案 2 有一些误差之外，其余的四个方案完全吻合。为了进一步验证训练后网络的性能，对网络仿真的输出结果和目标输出作线性回归分析，并得到两者的相关系数，从而可以作为网络训练结果优劣的判断依据。图 6.11 给出了网络 5 个输出的线性回归分析结果曲线，可以看出 5 个输出结果对期望值的跟踪较好，各相关系数几乎达到 0.98 以上，所以网络结果的输出是令人满意的。

表 6.5 网络仿真值与目标值

网络输出	方案 1		方案 2		方案 3		方案 4		方案 5	
	目标值	预测值	目标值	预测值	目标值	预测值	目标值	预测值	目标值	预测值
$\beta_1/10^3$	60.18	60.18	8.142	7.989	4.683	4.683	8.142	8.142	2.267	2.267

续表

网络输出	方案 1		方案 2		方案 3		方案 4		方案 5	
	目标值	预测值	目标值	预测值	目标值	预测值	目标值	预测值	目标值	预测值
$\beta_2/10^3$	0	0	4.683	4.523	3.242	3.242	34.46	34.46	3.242	3.242
$\beta_3/10^3$	8.142	8.142	101	97.479	0.152	0.152	0.152	0.152	0.604	0.604
$\beta_4/10^3$	60.18	60.18	4.683	4.760	4.683	4.683	8.142	8.142	34.46	34.46
$\beta_5/10^3$	0	0	10.10	10.864	3.242	3.242	4.683	4.683	60.18	60.18

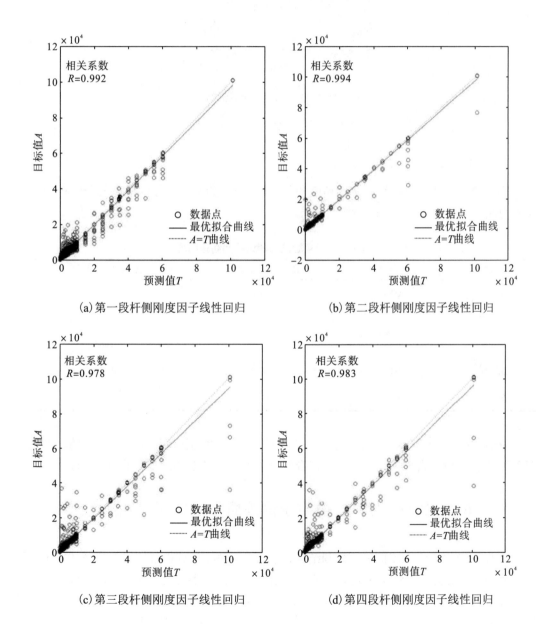

(a) 第一段杆侧刚度因子线性回归　　　　　　　　(b) 第二段杆侧刚度因子线性回归

(c) 第三段杆侧刚度因子线性回归　　　　　　　　(d) 第四段杆侧刚度因子线性回归

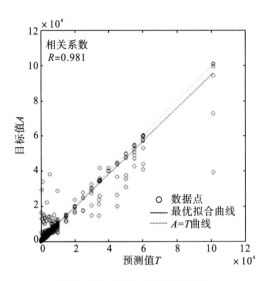

(e) 第五段杆侧刚度因子线性回归

图 6.11　网络输出回归分析结果

7. 网络测试

为了验证所建立的神经网络的精度和可靠性,对实验室三个锚杆模型所测的实测信号进行分析,表 6.6 是神经网络的识别结果。

表 6.6　基于实验试件测试的网络输出值

网络输出	试件一(完整锚杆)	试件二(一个损伤)	试件三(二个损伤)
$\beta_1/10^3$	0.864	0.876	0.867
$\beta_2/10^3$	0.849	0.788	0.811
$\beta_3/10^3$	0.875	0.019	0.064
$\beta_4/10^3$	0.833	0.804	0.832
$\beta_5/10^3$	0.857	0.863	0.851

从表 6.6 的识别结果来看,杆侧刚度因子与实际试件的锚固情况是相吻合的,可见这种基于小波分析的人工神经网络可以较准确地对锚杆系统的锚固质量进行检测。

6.4　锚杆-围岩结构系统锚固质量的定量分析方法

锚杆锚固质量的好坏直接关系到结构物的安全问题。但锚杆锚固于岩土体中,属于隐蔽工程范围,加之岩土体情况复杂多变,其施工质量往往不容易控制。所以,从保证工程的质量和安全需要来讲,对锚杆锚固状况的分析是锚杆锚固工程的一个重要环节,对于工程结构安全具有极为重要的意义。尽管拉拔实验可以用锚杆极限承载力来定量描述锚固状况，但这是一种破坏性实验，检测面小，所测结果没有代表性，较难准确地反映锚杆实际的锚固情况，这种方法会逐渐被淘汰，如香港地区不采用这种方法。所以，研究一种简单、快捷、无损的锚杆锚固质量定量分析方法一直是工程界极为关心的问题。

6.4.1 锚杆-围岩结构系统锚固质量的定量描述

在锚杆的长期服役过程中，被锚杆加固的围岩可能由于受到自然或人为的扰动而产生力学性状的改变。根据第 2 章锚杆-围岩结构系统动力响应问题的数学力学模型可知，对于全长锚固的锚杆锚固系统而言，其锚固质量主要体现在锚杆杆侧胶结体和围岩共同对锚杆作用的等效特征参数的大小。我们把杆侧分为 n 段，其等效特征参数是指杆侧的弹性系数和阻尼系数分别为 k_i、η_i，显然 k_i、η_i 是与胶结体、围岩及围岩应力有关的参量，并且是相关的两个参数，所以只要考察一个参数就行了。这里把杆侧刚度系数作为研究对象，当锚杆杆侧某段位置锚固较差或是空穴时，这段位置杆侧的刚度系数就会减小或为 0；而当这段位置锚杆完全锚固时，这段位置杆侧的刚度系数就达到最大，应为完整锚杆杆侧的刚度系数 K_i。

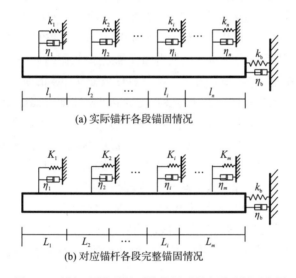

(a) 实际锚杆各段锚固情况

(b) 对应锚杆各段完整锚固情况

图 6.12 锚杆-围岩结构系统锚固质量定量分析示意图

这里我们引入锚杆锚固度 Q 来评价衡量锚杆系统锚固质量，具体定义如下：

$$Q = M_s/M_w = \sum_{i=1}^{n} l_i k_i \bigg/ \sum_{j=1}^{m} L_j K_j \tag{6.12}$$

式中，M_s 为实际锚杆锚固结构系统的锚固量；M_w 为对应完整锚杆锚固结构系统的锚固量；k_i 为实际锚杆锚固结构系统杆侧各段的刚度系数；l_i 为实际锚杆锚固结构系统各段的长度；K_i 为根据杆侧实际围岩情况锚杆杆侧各段的刚度系数；L_i 为根据杆侧实际围岩情况锚杆杆侧各段的长度；

显然，锚杆锚固度 Q 是实际锚杆与对应完整锚杆的刚度系数沿杆长分布特性的比值。当锚杆系统完全锚固时，其值为 1；当锚杆系统不完全锚固即存在损伤时，其值小于 1；而当锚杆完全没有锚固或彻底失效时，其值为 0。可见锚固度 Q 很好地描述了锚杆-围岩结构系统的锚固状态。

利用上节所建立的锚杆-围岩结构神经网络识别系统，所识别的是沿杆长均匀分为 5 段得到的各段的等效杆侧刚度因子，所以式(6.12)演变为

$$Q = L\sum_{i=1}^{5} k_i \bigg/ \left(5\sum_{j=1}^{m} L_j K_j \right) \tag{6.13}$$

其中，L 为锚杆长度。

6.4.2 完整锚杆结构系统杆侧刚度系数的确定

在完整锚杆-围岩结构系统动力响应分析中，将锚固介质与围岩对锚杆杆体作用简化为沿杆长分布动刚度、动阻尼和均匀分布在锚杆底截面的动刚度、阻尼。在锚杆受到瞬态纵向激振时的动力响应模型中，完整锚杆-围岩结构系统的动力参数取代了锚固介质与围岩对锚杆的影响。故而锚固介质与围岩的物理力学性质与动力参数有着直接的相关性。对完整锚杆-围岩结构系统的动力参数进行识别，建立从围岩的物理力学性质到动力参数的映射关系，是锚杆锚固系统动力响应问题从振动理论模型到实际工程的一座桥梁。由锚杆动力响应得到的动力参数的变化可反映出实际围岩与锚杆体之间物理力学参数的改变。因此，通过完整锚杆系统动力参数对围岩质量的识别研究，使得锚杆锚固系统无损检测技术对锚杆系统的各个组成部分，不但包括锚杆杆体与锚固介质，而且包括被锚杆加固的围岩，都具有对其进行健康检测的能力。因此，完整锚杆系统动力参数的确立，不仅使得锚杆-围岩结构系统的动力响应理论分析具有实际意义，而且也为锚杆锚固系统无损检测技术建立了理论基础。由式(6.13)可知，要确定锚杆的锚固度，需要知道完整锚固状态下杆侧的刚度系数[59]。

锚杆锚固结构系统杆侧动刚度系数主要取决于围岩的变形模量(暂且忽略砂浆的影响)，所以这里试图确定围岩弹性模量与杆侧刚度系数的关系。

首先根据第 3 章，取不同围岩变形模量 E_s，及对应的围岩密度，锚杆直径取 22mm，进行三维有限元模拟，得到不同的动力曲线。然后通过所建立的神经网络系统识别，得到不同围岩条件下的杆侧刚度因子。再根据锚杆设计参数反算刚度系数，结果见表 6.7。

表 6.7 完整锚杆杆侧刚度系数识别结果

围岩弹性模量 E_s / (10^9 Pa)	围岩密度/ (kg/m³)	杆侧刚度因子 /10^3						杆侧刚度系数 k_s / (10^{11} N/m³)
		β_1	β_2	β_3	β_4	β_5	均值	
1.0	1700	0.7388	0.7527	0.7415	0.7433	0.7372	0.7427	0.71227
2.0	2000	0.8619	0.8711	0.8683	0.8721	0.8561	0.8659	0.97704
2.8	2050	1.2003	1.1876	1.2101	1.1944	1.1736	1.1932	1.3800
3.6	2100	1.5150	1.4945	1.3786	1.3993	1.4876	1.4550	1.7238
4.8	2200	1.6621	1.7295	1.6988	1.8139	1.9132	1.7635	2.1888
6.0	2300	2.0036	2.1026	1.9882	2.0791	1.9195	2.0186	2.6193
8.5	2330	2.6072	2.7001	2.6986	2.5875	2.5406	2.6268	3.4530
10.5	2380	2.9216	3.0154	3.1319	2.8987	3.2409	3.0417	4.0841

续表

围岩弹性模量 E_s / $(10^9\,\mathrm{Pa})$	围岩密度/ $(\mathrm{kg/m^3})$	杆侧刚度因子 /10^3						杆侧刚度系数 k_s / $(10^{11}\,\mathrm{N/m^3})$
		β_1	β_2	β_3	β_4	β_5	均值	
13.0	2400	3.4862	3.5944	3.6228	3.6364	3.5402	3.5760	4.8420
15.5	2430	4.0184	3.9899	4.1327	3.9966	4.1994	4.0674	5.5762
17.5	2460	4.3826	4.4987	4.4157	4.4636	4.3979	4.4317	6.1506
20.0	2500	4.7989	4.7879	4.8949	4.8329	5.0899	4.8609	6.8559
22.0	2530	5.1646	5.2105	5.0643	5.2846	5.2390	5.1926	7.4116
24.0	2560	5.5411	5.4952	5.6003	5.5015	5.4224	5.5121	7.9610
26.0	2600	5.8165	5.7899	5.7105	5.8121	5.8615	5.7981	8.5049
28.5	2630	6.0995	6.2016	6.1797	6.2032	6.2435	6.1855	9.1779
30.5	2660	6.5033	6.3981	6.4558	6.5509	6.4484	6.4713	9.7115
33.5	2700	6.7898	6.8312	6.7689	6.8536	6.8050	6.8097	10.373
35.5	2725	7.0982	7.1987	7.2007	7.1656	7.2098	7.1746	11.030
38.0	2750	7.5334	7.5086	7.4961	7.4893	7.6206	7.5296	11.682
40.5	2775	7.8173	7.9013	7.7967	7.8099	8.0503	7.8751	12.329
43.0	2800	8.1883	8.3014	8.0893	8.3301	8.1529	8.2124	12.973
45.5	2925	8.3624	8.2043	8.1959	8.2897	8.1942	8.2493	13.613
48.0	2950	8.6248	8.5062	8.5842	8.5032	8.5951	8.5627	14.251
50.5	2975	8.9299	8.8273	8.8477	8.8007	8.9369	8.8685	14.885
53.0	3000	9.0967	9.2197	9.1832	9.0742	9.2632	9.1674	15.516

　　对表 6.7 中的数据进行二次多项式拟合，拟合曲线见图 6.13。所得到的拟合方程为

$$k_s = -0.000972 E_s^2 + 0.331 E_s + 0.582 \qquad (6.14)$$

其中，E_s 为围岩弹性模量，$10^9\,\mathrm{Pa}$；k_s 为杆侧刚度系数，$10^{11}\,\mathrm{N/m^3}$。

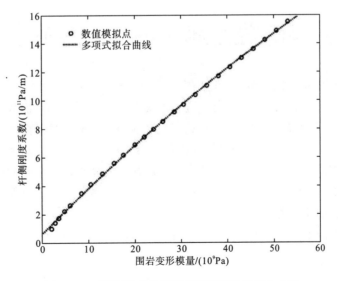

图 6.13　不同围岩条件下杆侧刚度系数的拟合曲线

6.4.3　锚杆-围岩结构系统锚固质量的定量分析步骤

由上述可知,锚杆结构系统的锚固质量可以通过确定锚杆锚固度这个指标来进行定量评价[60]。具体分析步骤如图 6.14 所示。

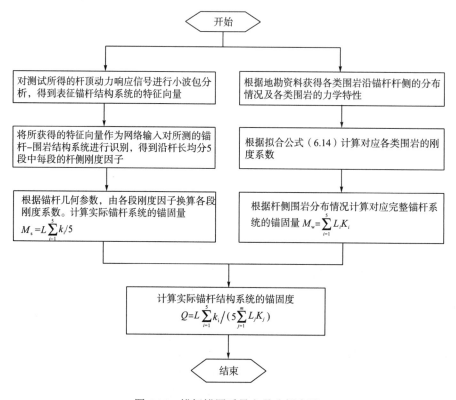

图 6.14　锚杆锚固质量定量分析步骤

6.5　锚杆系统无损探伤智能诊断系统的建立

传统的锚杆锚固状态的检测手段,主要依靠对锚杆的抗拔力测试。这种方法虽然适用于某些场合,但却存在着许多不足,该方法不仅是一种破坏性检测,而且所测定的抗拔力并不能完全反映锚杆的锚固状态。本书所研究的技术就是建立一种既简便经济又迅速可靠的确定锚杆施工质量、工作状态的锚杆-围岩结构系统无损探伤理论与智能诊断系统,为锚固工程质量控制和可靠性检测提供保障与手段,确立对锚杆锚固质量进行大面积普查的方法,弥补以至取代传统的锚固体系检测方法,这对避免事故发生、确保人民生命财产安全具有极其重大的社会、经济意义。

根据结构动力学理论及结构损伤探测理论的观点,不同损伤的存在,必然会使系统的结构组合发生变化,相应地就会影响到结构的动力响应特性,使得各种结构参数(固有频率和模态等)在不同程度上受到影响,进而使结构显示出与正常结构相区别的动态特征,据此，就可根据结构系统固有特性的变化来诊断结构的完整性及损伤位置、损伤程度。通过前述几章的研究可知，锚固系统的锚固质量可以由杆侧刚度系数的分布定量描述，而锚杆-围岩结构系统与杆侧刚度系数的分布又是一种复杂的非线性关系，需要建立一套智能诊断系统来对锚杆系统的损伤位置、损伤程度和总的锚固度进行确定。这套系统主要由数字模拟模块、信号分析模块和人工智能模块三部分组成：

(1) 数字模拟模块：根据锚杆-围岩结构系统杆顶动测问题的数学解，对锚杆杆顶的低应变动力响应进行了数值模拟。该模块仅用于动测问题的数字模拟，并与现场实验结果作对比，实验检测中并不需要运行。

(2) 信号分析模块：采用小波分析方法对信号进行时频分析，获得损伤位置、锚杆长度，并提取表征锚杆结构系统的特征向量。

(3) 人工智能模块：基于以上成果，通过建立的人工神经网络对锚杆-围岩结构系统进行识别，获得杆侧刚度系数的分布情况，并计算锚固度，对锚杆锚固质量进行定量评价。

图 6.15 为锚杆系统无损探伤智能诊断系统的简图。本系统将信号处理中的小波分析方法与结构识别中的人工神经网络相结合，仅以锚杆-围岩结构系统的特征向量作为输入数据，即可完成锚固系统质量的定量分析，能够比较准确地识别各种损伤，从技术上解决了锚固系统的非线性动态过程的诊断问题。

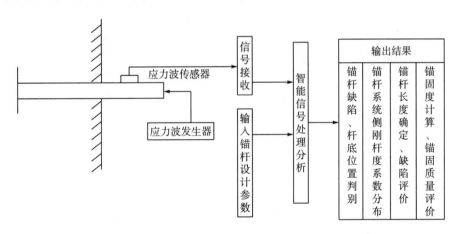

图 6.15　锚杆系统无损探伤智能诊断系统的简图

6.6　锚杆系统无损探伤的智能诊断系统的工程应用

重庆金渝大道白鹤咀隧道分为左右两线，起止里程桩号为 K12+420～K13+660，总长1240m，按照《公路隧道设计规范》(JTJ026—90)表 1.0.4 分类，隧道属于城市公路长隧道。本书作者对隧道右洞出口处 K13+550～K13+500 段的五根锚杆的锚固质量进行了测试，此段隧道围岩为粉砂泥质结构的砂质泥岩，厚层状构造，属 III 类围岩。岩块的弹性模量 $E_s = 6.781 \times 10^9 \mathrm{Pa}$，锚杆设计参数为直径 22mm 的螺纹钢筋，长 3m，采用锚固剂进行锚固，图 6.16 为现场测试的图片。

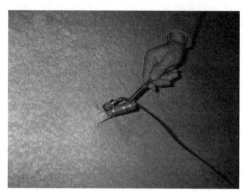

图 6.16　现场测试的图片

对所测五根锚杆反射波形按照本章所述的方法进行锚固质量识别，得到沿杆长的刚度系数，并计算得到相应的锚固度，见表 6.8。

表 6.8　现场测试锚杆锚固质量识别结果

| 序号 | 杆侧刚度因子 $/10^3$ | | | | | | 锚固度/% |
	β_1	β_2	β_3	β_4	β_5	$L\sum\limits_{i=1}^{5} k_i/5$	$L\sum\limits_{i=1}^{5} k_i \left/ \left(5\sum\limits_{j=1}^{m} L_j K_j\right)\right.$
1	2.0332	2.1559	2.1563	2.4086	2.5132	6.7603	78.5
2	2.3451	2.1387	2.756	2.6342	2.8102	7.6105	88.4
3	1.8987	2.0122	2.3356	2.7132	2.7891	7.0493	81.8
4	1.9008	2.2176	2.5333	2.7621	2.7721	7.3115	84.9
5	2.1223	2.3109	2.3356	2.6911	2.8522	7.3873	85.8

注：锚杆在完整锚固状态下的杆侧刚度系数由式(6.14)计算，即 $k_s = 2.8712\times10^{11} \text{N/m}^3$，则 $\sum\limits_{j=1}^{m} L_j K_j = 8.6136 \text{N/m}^2$。

由表 6.8 可看出，所测五根锚杆的锚固度在 78.5%～88.4%，说明锚杆的锚固程度是相应完整锚杆锚固质量的 2/3 以上。图 6.17 为所测五根锚杆对应的反射波形。

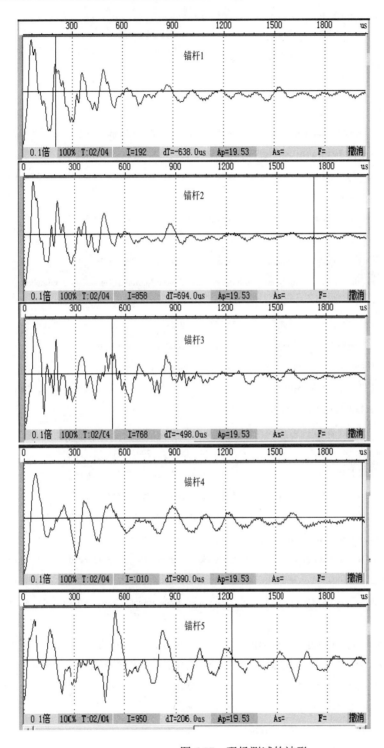

图 6.17　现场测试的波形

参 考 文 献

[1] Thurner H F. Detection of Invisible Faults on Rock-Bolts In-Situ. Theory and Application in Mining and Underground Construction, Proceedings of the International Symposium, 1984: 477-480

[2] Tadolini S C, Dyni R C. Transfer mechanics of full-column resin-grouted roof bolts. Journal of the Korean Society of Food Sciance & Nutrition, 1991, 21(6):1-25

[3] Signer S P. Field verification of load-transfer mechanics of fully grouted roof bolts. Roof Bolts, 1990: 1-13

[4] 郭世明, 高才坤. 弹性应力波法锚杆质量检测初探. 西部探矿工程, 1999, 11(2): 9-10

[5] 汪明武, 王鹤龄. 锚固体系无损检测的研究.岩石力学与工程学报, 2001, 23(1): 109-113

[6] Wang M W, Wang H L. Nondestructive testing of grouted bolts system. Chinese Journal of Geotechnical Engineering, 2001, 23(1): 109-113

[7] 夏代林. 锚杆锚固质量快速无损检测技术研究. 焦作: 焦作工学院, 2000

[8] 李义, 王成. 应力反射波法检测锚杆锚固质量的实验研究. 煤炭学报, 2000, 25(2): 160-164

[9] 赵明阶. 裂隙岩体在受荷条件下的声学特性研究. 重庆: 重庆大学, 1998

[10] 丁志成. 锚固体系受荷状态下声学特性实验模型研究. 重庆: 重庆大学, 2000

[11] 许明, 张永兴, 阴可. 砂浆锚杆的锚固及失效机理研究. 重庆建筑大学学报, 2001, 23(6): 10-15

[12] 张永兴, 许明. 岩土锚固系统质量智能诊断理论与应用. 北京: 中国建筑工业出版社, 2002

[13] 许明, 张永兴. 锚杆极限承载力的人工神经网络预测. 岩石力学与工程学报, 2002, 21(5): 755-758

[14] 许明, 张永兴. 锚固系统的质量管理与检测技术研究. 重庆建筑大学学报, 2002, 24(1): 29-33

[15] 许明, 张永兴. 锚杆低应变动测的数值研究. 岩石力学与工程学报, 2003, 22(9): 1538-1541

[16] 张阿舟, 赵淳生. 桩基故障诊断理论分析(一)——理想桩的自由振动特性. 振动测试与诊断, 1991, 2(1): 1-8

[17] 陈昌聚, 王勇. 机械导纳法分析桩的纵向振动. 湖南大学学报, 1985, 12(2): 85-94

[18] Timoshenko S P, Goodier J N. Theory of Elasticity. 3rd ed. New York: McGraw-Hill, Incorporated, 1970: 348-358

[19] Rausche F, Goble G G. Determination of pile damage by top measurements. Astm Special Technical Publication, 1979: 500-506

[20] Konagai K, Nogami T. Time-domain axial response of dynamically loaded pile groups. Journal of Engineering Mechanics, ASCE, 1987, 113(3):417-430.

[21] 王奎华, 谢康和, 曾国熙. 有限长桩受迫振动问题解析解及应用. 岩土工程学报, 1997, 19(6):27-35

[22] 张永兴, 陈建功. 锚杆–围岩结构系统低应变动力响应理论与应用研究. 岩石力学与工程学报, 2007, 26(9): 1758-1766

[23] 彭宣茂, 傅作新, 张子明. 岩基中的垂直锚杆分析. 岩土工程学报, 1991, 13(5): 54-63

[24] 杨新安, 黄宏伟. 单根锚杆锚固机理的研究. 岩土力学, 1997(8): 79-82

[25] 高勤福, 马道局. 锚杆失锚现象分析与防治措施. 煤矿开采. 2001(4): 76-79

[26] 陈建功, 张永兴. 锚杆系统低应变动力响应的数值模拟分析.岩土力学, 2007, 28(S):730-736

[27] 王锡康, 张新山等. 桩基础的参振质量及其阻尼性能. 工业建筑, 1994(12): 16-20

[28] 博嘉科技. 有限元分析软件——ANSYS融会与贯通. 北京: 中国水利水电出版社, 2002

[29] 刘海峰, 杨维武, 李义. 锚杆锚固质量动测法底端反射显现规律研究. 辽宁工程技术大学学报, 2004, 23(1): 41-43.

[30] 王建宇，牟瑞芳. 按共同变形原理计算地锚工程中黏结型锚头内力. 北京：人民交通出版社. 1998：52-63

[31] 陈建功，张永兴. 完整锚杆纵向振动问题的求解与分析.地下空间，2003，23（3）：268-271

[32] 陈建功， 张永兴. 锚杆系统动测信号的特征分析. 岩土工程学报，2008，30（7）：1051-1057

[33] 胡昌华，周涛. 基于MATLAB的系统分析与设计——时频分析. 西安：西安电子科技大学出版社，2002

[34] Ratcliffe C P，Bagaria W J. Vibration technique for locating delamination in a composite beam. AIAA Journal, 1998, 36（6）：1074-1077

[35] Kerstems J G M. Vibration of complex structures: the modal constraint method. Journal of Sound and Vibration，1981，76（4）：467-480

[36] 钱管良，顾松年，姜节胜. 含裂纹梁的动力特性. 航空学报，1989，10（9）：448-454

[37] 汪凤泉，郑万潜. 实验振动分析. 南京：江苏科学技术出版社，1987

[38] 屈梁生，何正嘉. 机械故障诊断学. 上海：上海科学技术出版社，1986

[39] 钱管良，顾松年，姜节胜.含裂纹梁的动力响应.振动工程学报，1989，2（3）:78-85

[40] 虞和济. 振动诊断的工程应用. 北京：冶金工业出版社，1992

[41] 虞和济. 故障诊断的基本原理. 北京：冶金工业出版社，1989

[42] 钱管良，顾松年，姜节胜. 在线振动监测与故障诊断的一种新途径.固体力学学报，1990，11（3）：217-228

[43] 陈建功， 张永兴. 一种确定锚杆系统损伤位置的小波分析方法. 煤炭学报，2008，33（4）：391-394

[44] 周东华，叶银忠. 现代故障诊断与容错控制. 北京：清华大学出版社，2000

[45] 叶昊，王桂增. 小波变换在故障诊断中的应用. 自动化学报，1997，23（6）：736-740

[46] 喻文焕，金振东，刘崃，等. 信号奇异性的检测及应用.系统工程理论与实践.2000，20（3）:125-129

[47] 陈建功，李昕，张永兴. 基于小波神经网络的锚杆-围岩结构系统的识别. 煤炭学报， 2009，34（10）：1333-1338

[48] Raiche A. A pattern recognition approach to geophysical inversion using neural nets. Geophys. J. Int.，1991，105（3）：692-648

[49] Leec S R. Identifying probable failure modes for underground openings using a neural network. Int. J. Rock Mechanics and Mining Science，1991，28（6）：377-386

[50] Maifeld T. Short-term load forecasting by a neural network and a refined genetic algorithm. Electric Power Systems Research，1994，31（3）：147-152

[51] Abbass H A. An evolutionary artificial neural networks approach for breast cancer diagnosis. Artificial Intelligence in Medicine，2002，25（3）：265-281

[52] 施阳. MATLAB语言工具箱——TOOLBOX实用指南.西安：西北工业大学出版社， 1998

[53] Sprecht D F. A general regression neural network. IEEE Trans Neural Networks， 1991，2（6）：568-576.

[54] Sprecht D F. The general regression neural network rediscovered. Neural Networks，1993，6：1033-1034.

[55] 吕爱钟，蒋斌松. 岩石力学反问题. 北京：煤炭工业出版社，1998

[56] 杨林德，朱合华，冯紫良,等. 岩土工程的反演理论及工程实践. 北京：科学出版社，1996

[57] 孙均，黄伟.岩石力学参数弹塑性反演问题的优化方法. 岩石力学与工程学报，1992，11（3）：221-229

[58] 中国岩石力学与工程学会岩石锚固与注浆技术专业委员会. 锚固与注浆技术手册. 北京：中国电力出版社，1999

[59] 陈建功，胡俊强，张永兴. 基于完整锚杆动测技术的围岩质量识别研究. 岩土力学，2009，30（6）：1799-1804

[60] 陈建功，刘海源，张永兴. 锚杆锚固质量的定量分析方法. 重庆大学学报，2009，32（9）：1043-1048